高职高专计算机类专业系列教材

JavaScript 程序设计案例教程

主 编 薛现伟 王爱华 刘锡冬

U0169956

西安电子科技大学出版社

内 容 简 介

  JavaScript（简称 JS）是一种轻量级、解释型的编程语言。它不仅是开发 Web 页面的重要脚本语言，而且还被用到了很多非浏览器环境中。JavaScript 是基于原型编程、多范式的动态脚本语言，支持面向对象、命令式、声明式、函数式编程范式。

  本书介绍 JavaScript 程序设计技术，以案例的形式组织知识点。全书共有六大案例，主要知识点包括基本语法、数组、函数、DOM、事件、正则表达式、Ajax 等。本书采用这种内容组织形式，有助于初学者快速掌握 JS 的知识点，提高 JS 的应用水平和开发能力。

  本书适合作为高职高专院校计算机类专业的教材，也可作为计算机 Web 编程爱好者学习 JavaScript 的参考书。

图书在版编目 (CIP) 数据

JavaScript 程序设计案例教程 / 薛现伟，王爱华，刘锡冬主编 . —西安：西安电子科技大学出版社，2022.8
ISBN 978 - 7 - 5606 - 6595 - 5

Ⅰ . ① J…   Ⅱ . ① 薛…   ② 王…   ③ 刘…   Ⅲ . ① JAVA 语言—程序设计—高等学校—教材   Ⅳ . ① TP312.8

中国版本图书馆 CIP 数据核字 (2022) 第 141972 号

策   划   刘小莉
责任编辑   刘小莉
出版发行   西安电子科技大学出版社 (西安市太白南路 2 号)
电   话   (029)88202421   88201467   邮   编   710071
网   址   //www.xduph.com   电子邮箱   xdupfxb001@163.com
经   销   新华书店
印刷单位   陕西日报社
版   次   2022 年 8 月第 1 版   2022 年 8 月第 1 次印刷
开   本   787 毫米 ×1092 毫米   1/16   印张 10
字   数   234 千字
印   数   1 ~ 3000 册
定   价   31.00 元

ISBN 978 - 7 - 5606 - 6595 - 5 / TP
XDUP 6897001 - 1
*** 如有印装问题可调换 ***

P 前 言
reface

有人问我，要想成为一个出色的前端工程师，应该学习哪一种前端脚本语言？这个时候我会简单粗暴地说：必须学习 JavaScript！对，必须学习 JavaScript。JavaScript 是世界上最流行的脚本语言——现在电脑、手机、平板上浏览的那些网页以及 HTML5 的手机 App，内部都是由 JavaScript 驱动完成的。很多优秀的前端脚本框架库，比如 node. js、vue、angular. js、jquery 等都是基于 JavaScript 的。所以还有什么理由不掌握好这门语言呢？

为什么我们要学这本书？

在 Web 前端的技术中，只有 JavaScript 能跨平台、跨浏览器驱动网页，与用户交互。前些年 Flash 的 ActionScript 曾经流行过一阵子，不过随着移动应用的兴起，没有人再用 Flash 开发手机 App 了，所以它目前已经被边缘化。相反，随着 HTML5 在 PC 和移动端越来越流行，JavaScript 变得更加重要了。并且，新兴的 node.js 把 JavaScript 引入服务器端，使得 JavaScript 变成了"全能型选手"。

那么多 JavaScript 的书籍，为什么要选择这本呢？本书作者从教前端多年，使用过的所有 JavaScript 教材以及市面上的其他 JavaScript 教材基本上都是以知识点组织起来的，即使有案例也多为两种情况：案例较小，体现出来的 JS 知识点较少；案例虽大，但大部分代码为 HTML 代码和 CSS 代码，其中 JS 代码占比较少。这两种情况的案例都不能综合体现 JS 的应用，且基于这些教材培养的学生大部分养成了学习一门技术必须学全知识点的习惯。假设安排这种学生做一个项目，在未学完全部知识点前，他们对完成项目基本没有自信。基于培养学生学以致用的目的，作者精心构思了六大案例，这六大案例综合体现了 JS 的应用，基本涵盖了 JS 在 Web 上的用途。以项目为目的来学习技术，才是学习的真谛，这就是选择这本书的理由。

如何使用本书？

本书构思的六大案例包括了 JavaScript 基本语法、数组、函数、对象、BOM、DOM、事件、Ajax、正则表达式等知识点，且这些知识点的出现均服务于所在案例。下面分别对这六大案例进行介绍。

案例一实现了随机选择花卉图片的效果，这种效果在社会各行各业中都有广泛的应用，比如摇号、摇奖、点名等。在这个案例中体现了数组的部分用法、无参函数的用法、定时器的一种实现、加载完成事件、DOM 的概念以及数学上的一些应用。

案例二实现了一种典型且非常实用的 Web 效果，99% 的网站或应用首页都会呈现这种效果。在这个案例中体现了数组的遍历、对象、有参函数、鼠标事件、DOM 遍历以及几种 DOM 元素选择器等知识。

案例三实现了一款基于 JS 的游戏，这也是 JS 的一个很重要的应用场景。在这个案例中介绍了对象字面量与 JSON 数据格式的异同、对象的实现方式、画布、鼠标事件、键盘事件、闭包函数、Ajax 等知识。本案例是一个大型的综合应用案例，体现的知识点较多，希望各位读者朋友用心学习。

案例四实现了把数字金额转换为汉字表示的效果。此案例主要体现了对字符串的一些操作方法、事件流和事件对象以及动态修改网页等知识的综合应用。

案例五实现了播放多媒体音乐的功能。此案例包括的知识点有字符串大小写转换、DOM 节点属性值的处理、特殊字符的处理以及动态调整元素节点的类、数据类型转换、Audio 对象等。

案例六的表单验证是 JavaScript 的一个非常重要的应用场景。表单验证放在前端能够有效缓解服务器压力，避免将无效数据上传到服务器。这个案例中主要介绍了与表单有关的几个事件、正则表达式以及 BOM 对象的用法。

在学习过程中，读者一定要理解每个案例的实现思路并亲自实践这些案例代码。另外，如果读者在实现案例的过程中遇到困难，建议从案例实现的目的和思路出发去理解和学习，这将对学习非常有帮助。

在本书的编写过程中，秦继林、杜玉霞、张志国等老师也给予了宝贵的指导意见和各方面的支持，在此表示衷心的感谢！

尽管在编写过程中我们付出了很大的努力，但难免会有不妥之处，欢迎专家和读者朋友给予指正，我们将不胜感激。作者的电子邮箱：376303164@qq.com。

编　者
2022 年 6 月

C目 录
Contents

百 花 争 妍

▶ 学习目标

- 掌握 JS 的基本使用方法。
- 掌握 JS 变量的使用方法。
- 掌握数组的字面量表示法，会使用 for in 遍历数组。
- 了解无参函数的意思。
- 理解 DOM 的含义。
- 能获取、创建 DOM 元素。
- 会使用定时器方法 setTimeout。
- 能生成指定范围的随机数。
- 掌握使用类名获取元素的方法。

▶ 效果讲解演示

　　本案例中显示了一些漂亮的花卉图片 (见图 1-1)，当点击按钮时页面将会不停地随机选择其中一种花并突出显示，再次点击按钮时选择结束，确认选择。

图 1-1　花卉图片

一 知 识 链 接

1. JS 的三种引入方式

JavaScript(简称 JS) 有三种引入方式。

1) 行内引入 (行内式)

格式如下：

```
< 开始标签 on+ 事件类型 = "js 代码 "></ 结束标签 >
```

行内引入方式必须结合事件来使用，但是内部 JS 和外部 JS 代码可以不结合事件使用。

例 行内引入演示 (importjs1.html)

```html
<!DOCTYPE html>
<html lang="en">
<head>
    <meta charset="UTF-8">
    <title></title>
</head>
<body>
<a href="https://www.baidu.com" onclick="alert(' 您将要跳转到百度 ')"> 百度 </a>
</body>
</html>
```

注意：本书中字符串的表示方法中，单引号和双引号是等价的。

2) 内部引入 (内嵌式)

在当前 HTML 页面中定义 script 标签，然后在 script 标签里面写 JS 代码，格式如下：

```html
<script>
    JS 代码
</script>
```

例 内嵌式演示 (importjs2.html)

```html
<!DOCTYPE html>
<html lang="en">
<head>
    <meta charset="UTF-8">
    <title></title>
</head>
<body>
    <script>
        alert(' 这是内嵌式 ');
    </script>
```

```
        </body>
    </html>
```

3) 外部引入 (外链式)

此种方式可由两种方法实现：一是定义外部 JS 文件 (扩展名是 .js 的文件)，在 JS 文件中书写 JS 代码，注意在 JS 文件中不能使用 script 标签；二是在 HTML 文件中引入 JS 文件，格式如下：

```
<script type="text/javascript" src="js 文件的路径 "></script>
```

例　外链式演示 (importjs3.html)

importjs.js 文件的内容如下：

```
alert(" 这是外链式的使用 ");
```

importjs3.html 文件的内容如下：

```
<!DOCTYPE html>
<html lang="en">
<head>
    <meta charset="UTF-8">
    <title></title>
    <script type="text/javascript" src="importjs.js.js"></script>
</head>
<body>
</body>
</html>
```

注意：在 HTML 文件中 script 标签要单独使用，要么引入外部 JS，要么定义内部 JS，不要混搭使用。

外链式具有维护性高、可缓存 (加载一次后，无需再加载)、方便扩展、复用性高等优点。

2. JS 的注释

JavaScript 的注释用于解释 JavaScript 代码，增强其可读性。JavaScript 有两种注释方式：

(1) 单行注释：以 // 开头，任何位于 // 与行末之间的文本都会被 JavaScript 忽略。

(2) 多行注释：以 /* 开头，以 */ 结尾，任何位于 /* 和 */ 之间的文本都会被 JavaScript 忽略。

例　注释演示

```
<!DOCTYPE html>
<html>
<head>
<meta charset="utf-8">
<title> 无标题文档 </title>
</head>
```

```
<body>
  <script>
// 初始化 value 变量为 0
var value = 0;
/**
 * 设置节点透明度
 * node 节点
 * val 透明度的值
 */
function setOpacity(node, val) {
    node.style.opacity = val;
}
  </script>
</body>
</html>
```

3. 变量定义和赋值

JavaScript 是一种弱类型语言，其变量类型由它的值来决定。定义变量需要用关键字 var。

例　变量定义和赋值

```
var num=1;              // 数值型变量
var b=true;            // 布尔型变量
var ud;                // 未赋值，其值是 undefined，其类型也是 undefined 变量
var str=' 我是字符串 ';  // 字符串变量
console.log(num,b,ud,str); // 输出到控制台
```

变量、函数、属性、函数参数命名规范如下：

(1) 区分大小写。

(2) 第一个字符必须是字母、下画线（_）或者美元符号。

(3) 除第一个字符外，其他字符可以是字母、下画线、美元符号或数字。

4. 数组定义、初始化、遍历 (for in)

数组对象用来在单独的变量名中存储一系列的值。数组对象的字面量表示形式是 [ ]。

例　数组的定义、初始化方法之一

```
var arr1=[];                    // 定义元素个数为 0 的数组
var arr2=[ 'a',2,true];         // 定义并初始化数组
console.log(arr1,arr2);
```

例　数组的遍历方法之一——for in (forin.html)

```
var arr2=[ 'a',2,true];              // 定义并初始化数组
for(var m in arr2)                   // for in 语法遍历数组时，in 前的变量代表下标
{
    console.log(arr2[m]);            // 访问数组元素
}
```

5. 无参函数定义和调用

函数用于封装一段完成特定功能的代码。

无参函数的定义语法是：

```
function 函数名 ( 参数 )
{
    函数体 ...
}
```

其中，关键字使用 function；函数名为自定义的具有表示意思的字符串，不能与关键字和保留字重复；参数为传递给函数内部使用的数据，可选；函数体内书写实现函数功能的代码语句。

例 无参函数的演示 (sayHello.html)

```
function sayHello(){
    console.log('hello ');
}
sayHello();
```

6. DOM 元素

DOM(Document Object Model，文档对象模型) 是 W3C(World Wide Web Consortium) 标准，同时也定义了访问 XML 和 HTML 文档的标准。DOM 是一个独立于平台和语言的接口，它可以让程序和脚本动态地访问和更新文档的内容、结构以及样式。在 HTML 和 JavaScript 的学习中，DOM 操作可谓是重中之重。

当网页被加载时，浏览器会创建页面的 DOM。

例 根据以下代码构造 DOM 树 (Dom.html)

```
<!DOCTYPE html>
<html>
  <head>
      <meta charset="utf-8">
      <title>DOM 树 </title>
  </head>
  <body>
    <a href="#">my link</a>
    <h1>my header</h1>
  </body>
```

```
</html>
```

以上 HTML 代码构造的 DOM 树如图 1-2 所示。

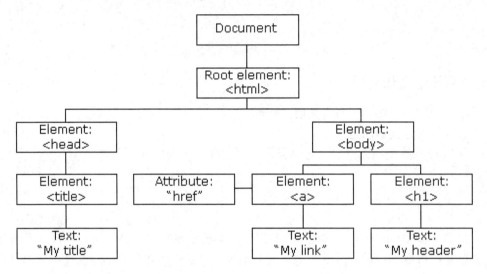

图 1-2   DOM 树

由 DOM 树可以看到，文本节点、属性节点属于元素节点的子节点。文本节点和属性节点就像是这棵 DOM 树的果子，而元素节点就是树枝。当然这棵树要看作是可拼装的假树。

重要思想：

(1) 摘取果树上的果实 (获取网页元素上的内容或属性值等) 的顺序是：先获取枝条 (即网页上的元素)，再获取枝条上的果实 (元素的内部文字或属性等)。

例   使用 document.getElementById 获取元素内的文字 (getElementById.html)

```html
<!DOCTYPE html>
<html>
    <head>
        <meta charset="utf-8">
        <title>getElementById 演示 </title>
    </head>
    <body>
        <a href="#" id="link">my link</a>
        <script type="text/javascript">
            var link_a=document.getElementById('link');
            console.log(link_a.innerHTML);
        </script>
    </body>
</html>
```

例   使用 document.getElementsByClassName 获取页面类名相同的多个元素

(getElementsByClassName.html)

```html
<!DOCTYPE html>
<html>
  <head>
    <meta charset="utf-8">
    <title>getElementsByClassName 演示 </title>
  </head>
  <body>
    <h1 class="flower">my header1</h1>
    <h2 class="flower">my header2</h2>
    <p class="flower">my p</p>
    <script type="text/javascript">
      var flowers=document.getElementsByClassName('flower');
      for(var one_flower in flowers)
      {
        console.log(flowers[one_flower].innerHTML);
      }
    </script>
  </body>
</html>
```

（2）给假树安装新树枝（向网页元素上添加新元素或给元素添加新属性等）。

顺序一：先创造并把新树枝接到树上（即把新元素添加到网页上，这种做法能立即看到新添加的元素），再把果实接到这段新树枝上（即给新树枝添加子内容或属性）。

例 使用顺序一的方法创新一个段落并显示到页面上

```javascript
var newp= document.createElement("p");  // 创造的新树枝，此时网页上看不到这个 p
document.body.appendChild(newp);  // 把新树枝安装到网页上，可以在开发者工具审查中看到了
newp.innerHTML=' 新的树枝 ';  // 新创建果实并安装到新树枝上，网页上可见
```

顺序二：创造一段新树枝（即创建一个网页元素，这种做法不能立即在网页上看到新内容），然后创造其他更小的树枝或果实（这时候这些树枝还是独立的），再把小树枝或果实安装到大树枝上（这时候网页上还看不到内容），最后把大树枝接到网页这棵大树的已经可以看到的某条树枝上（新内容可以看到了）。

例 使用顺序二的方法创新一个段落并显示到页面上

```javascript
var newp= document.createElement("p");  // 创造的新树枝，此时网页上看不到这个 p
newp.innerHTML=' 新的树枝 ';  // 新创建果实并安装到新树枝上，网页上不可见
document.body.appendChild(newp);  // 把新树枝安装到网页上，可以在开发者工具审查中看到了
```

7. 定时器方法 setTimeout 和 clearTimeout

setTimeout() 是属于 window 的方法，该方法用于在指定的毫秒数后调用一次函数或计算表达式。

语法格式:

```
setTimeout(JavaScript 函数, 等待的毫秒数 )
```

其返回值表示代表该定时器的句柄。

clearTimeout() 方法可取消由 setTimeout() 方法设置的定时操作。clearTimeout() 方法的参数必须是由 setTimeout() 返回的 ID 值。

例 在控制台输出 1 ～ 10 后停止输出 (setTimeout.html)

```html
<!DOCTYPE html>
<html>
    <head>
        <meta charset="utf-8">
        <title>setTimeout 演示 </title>
    </head>
    <body>
        <script type="text/javascript">
            var n=1;
            // 下面这段代码能输出到 10 吗?
            var id=setTimeout(function(){
                    console.log(n++);
                    if(n>10) clearTimeout(id);
                },1000);

            // 下面这段代码能输出到 10 吗?
            var m=1;
            var im;
            function hi(){
                console.log(m++);
                im=setTimeout(hi,1000);
                if(m>10) clearTimeout(im);
            }
            hi();
        </script>
    </body>
</html>
```

8. onload 事件

onload 事件会在页面或图像加载完成后立即发生,最常用于 <body> 元素中,用于在网页完全加载所有内容 (包括图像、脚本文件、CSS 文件等) 后执行脚本。

onload 在 HTML 中的用法:

```
<body onload="SomeJavaScriptCode">
```

onload 在 JavaScript 中的用法：

```
window.onload=function(){SomeJavaScriptCode};
```

例 onload 的演示 (onload.html)

```html
<!DOCTYPE html>
<html>
  <head>
    <meta charset="utf-8">
    <title>onload 演示 </title>
    <script>
    //下句代码会出错，为什么？
    document.getElementById('myp').innerHTML=' 你好 ';

    window.onload=function(){
        //下句代码不会出错，为什么？
        document.getElementById('myp').innerHTML=' 你好 ';
    }
    </script>
  </head>
  <body>
    <p id="myp">hi,everyone</p>
    <script type="text/javascript">
    //下句代码不会出错，上面相同的语句会出错，为什么？
    document.getElementById('myp').innerHTML=' 你好 ';
    </script>
  </body>
</html>
```

9. 随机数和取整

JavaScript 中 Math 对象用于执行数学任务。Math 对象并不像 Date 和 String 那样是对象的类，因此没有构造函数 Math()。像 Math.sin() 这样的函数只是函数，不是某个对象的方法，所以无需创建它。通过把 Math 作为对象使用就可以调用其所有属性和方法。

Math 对象与随机数和取整有关的方法介绍如表 1-1 所示。

表 1-1 Math 对象与随机数和取整有关的方法

方法	描 述
ceil(x)	对数进行上舍入
floor(x)	对数进行下舍入
random()	返回 0 ~ 1 之间的随机数
round(x)	把数四舍五入为最接近的整数

随机获取 [n,m) 之间整数的思路：假设我们想获取 n ～ m 之间的正整数，可能取到 n 不可能取到 m，n<m(n 或 m 是否需要取到可使用不同的取整方法)。

第一步：获取 0 ～ 1 之间的随机数，注意这里是小数。

```
var r = Math.random();
```

第二步：扩展随机数的范围到 m-n(m 减 n)，调整后的范围是最小为 0，最大为 m-n。

```
r = r*(m-n);
```

第三步：调整区间最小值为 n，最大值为 m。

```
r = r + n;
```

第四步：向下取整获得整数 [n,m)。

```
r = Math.floor(r);
```

例 随机颜色 (mathRandom.html)

```html
<!DOCTYPE html>
<html>
  <head>
    <meta charset="utf-8">
    <title> 随机数和取整 </title>
  </head>
  <body>
    <script type="text/javascript">
      // 第一步：获取 0 ～ 1 之间的随机数，注意这里是小数
      var r= Math.random(),g= Math.random(),b= Math.random();
      // 第二步：扩展随机数的范围到 m-n(m 减 n)，调整后的范围是最小为 0，最大为 m-n
      // r = r*(m-n);
      r=r*(255-0);
      g=g*255;
      b=b*255;
      // 第三步：调整区间最小值为 n，最大值为 m；本例最小值为 0，此步跳过
      // r = r+n;
      // 第四步：向下取整获得整数 [n,m)
      // r = Math.floor(r);
      r=Math.floor(r);
      g=Math.floor(g);
      b=Math.floor(b);
      document.body.style.backgroundColor="rgb("+r+","+g+","+b+")";
    </script>
  </body>
</html>
```

10. getElementsByClassName 方法

语法：

```
document.getElementsByClassName(classname)
```

该方法返回文档中所有指定类名的元素集合，作为 NodeList 对象。NodeList 对象代表一个有顺序的节点列表。NodeList 对象可通过节点列表中的节点索引号来访问列表中的节点 (索引号由 0 开始)。

例　getElementsByClassName 演示 (getElementsByClassName2.html)

```html
<!DOCTYPE html>
<html>
    <head>
        <meta charset="utf-8">
        <title>getElementsByClassName 演示 </title>
    </head>
    <body>
        <p class='duan'> 第一段 </p>
        <p class='luo'> 第一段 </p>
        <p class='duan'> 第一段 </p>
        <p id='duan'> 第一段 </p>
        <script>
        var duans= document.getElementsByClassName('duan');
        for(var i=0;i<duans.length;i++)
        {
            duans[i].style.border='1px solid red';
        }
        </script>
    </body>
</html>
```

11. 选择结构

当需要在不同的情况下执行不同的代码时，就需要进行判断，此时需要使用选择结构。JS 中有两种选择结构：if 和 switch。

(1) if 单分支：当满足特定条件时执行的代码块。

语法：

```
if ( 条件 ) {
    如果条件为 true 时执行的代码
}
```

例　if 单分支

```
if(age>18){
    console.log("you are not a children");
```

```
    }
```

(2) if 双分支：当满足特定条件时执行一部分代码块，不满足时执行另一部分代码块。
语法：

```
if ( 条件 ) {
       条件为 true 时执行的代码块
} else {
       条件为 false 时执行的代码块
}
```

例　if 双分支

```
if(age>18){
   console.log("you are not a children");
}
else{
   console.log("you are not an adult");
}
```

(3) if 多分支：当满足不同的条件时执行不同的代码块。
语法：

```
if ( 条件 1) {
       条件 1 为 true 时执行的代码块
} else if ( 条件 2) {
       条件 1 为 false 而条件 2 为 true 时执行的代码块
} else {
       条件 1 和条件 2 同时为 false 时执行的代码块
}
```

例　if 多分支

```
if(age<3){
   console.log("you are a baby");
}
else if(age<18){
   console.log("you are a children");
}
else{
   console.log("you are an adult");
}
```

二　案　例　实　现

1. 设计思路

使花卉图片在页面中从左到右，从上到下排列，花卉图片下面设计一个按钮用于控制选择，点击按钮时实现的效果是：第一次点击按钮将开始不停地随机选择花卉图片，选中的花卉图片突出显示，再次点击按钮停止选择并突出显示最后选中的花卉图片；第三次点击效果同第一次点击，第四次点击效果同第二次点击，以此类推。

2. 实现步骤

1) 设计页面结构

该案例页面结构设计如图 1-3 所示。

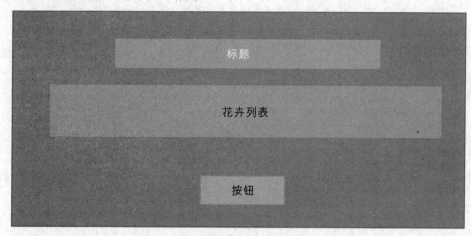

图 1-3　页面结构设计图

对应的 HTML 代码如下：

```
<div id="mybox">
   <div id="title">看看和哪种花有缘 </div>
      <div id="flowers">
      </div>
      <div id="btn"><button onClick="btnclick();"> 选择花花 </button></div>
   </div>
```

此步完成后效果如图 1-4 所示。

图 1-4　页面结构初始效果图

2) 美化元素

大盒子 (#box) 水平居中排列，占页面半宽，具有背景色，其子元素从上到下排列，所有子元素水平居中，其内所有子元素文字水平排列。

```
#mybox{
   margin:0 auto;
```

```
    width:50%;
    margin-top:50px;
    background:#f3edf4;
    display:flex;
    flex-direction:column;        /* 子元素从上到下排列 */
    align-items:center;
    padding:10px 0;
    text-align:center;            /* 使所有子元素中文字水平对齐 */
}
```

标题文字为黑体，字体大小为 24 像素。

```
#title{
    font-family:" 黑体 ";

    font-size:24px;

}
```

此步骤完成后效果如图 1-5 所示。

看看和哪种花有缘
选择花花

图 1-5   初步美化的效果

花卉列表盒子 (#flowers) 其内所有花 (.flower) 水平排列，若一行不足以显示所有花卉则自动换行，同一行的花卉图片均匀分布。

```
#flowers{
    display:flex;
    flex-wrap:wrap;
    justify-content:space-around;    /* 子元素水平均匀分布 */
}
```

单个花 (.flower) 显示尺寸为 120px × 160px，具有 2 个像素的实线灰边框；每种花以盒子背景图的形式出现 (用 JS 代码实现)；因为素材图像可能与盒子尺寸不一样，所以要设置背景自动平铺且居中显示。

```
.flower{
    width:120px;
    height:160px;
    border:2px solid #999;
    margin:5px;
    position:relative;
    background-size: 100% 100%;
    background-position: center;

}
```

花卉名字 (.flowername) 显示在每种花盒子的底部，宽度与花盒子的宽度相同，背景为半透明的黑色，文字为白色。

```
.flowername{
  position:absolute;
  bottom:0;
  width:100%;
  background:rgba(0,0,0,0.5);
  color:white;
}
```

在完成初始化花卉列表显示后，再配合上述这些 CSS 代码进行美化，效果如图 1-6 所示。

图 1-6　初始化花卉列表后的效果

选中的花品 (具有类 selected) 为黄色边框，且具有黄色外阴影。

```
.selected{
  border:#FF0 solid 2px;
  box-shadow:yellow 0 0 15px;
}
```

此部分样式的效果如图 1-7 所示。

图 1-7　选中效果

3) 初始化花卉列表显示

先定义数组，数组中存储着所有花卉的名字，这些名字和素材中的图片文件名相同。

```
var flowers=["鸡蛋花"," 杜娟花"," 漏斗花"," 芍药"," 兰花"," 梅花"," 牡丹"," 茶花"," 荷花"," 桂花"," 水仙花"," 彼岸花"," 樱花"," 栀子花"];
```

遍历数组，依次创建 DOM 元素作为 persons 的子元素，花卉图片以背景图的形式展示。

```
function showflowers(){
    var flowersElement= document.getElementById("flowers");
    for(h in flowers)
    {
        var div1 =document.createElement("div");
        div1.className="flower";
        div1.style.backgroundImage="url(images/"+flowers[h]+".jpg)";

        var div2 =document.createElement("div");
        div2.className="flowername";
        div1.appendChild(div2);
        div2.innerHTML=flowers[h];

        flowersElement.appendChild(div1);
    }
}
window.onload=function(){
    showflowers ();
}
```

4) 实现开关功能

定义开关变量 start，其值为 false 表示停止选择，值为 true 表示开始选择；开始选择时调用选择的自定义方法，停止选择时清除定时器即可。

```
var start=false;
var tid;
function btnclick(){
    start =!start;
    if(start)
    {
        selectflower();
    }
    else
    {
```

```
        clearTimeout(tid);
    }
}
```

在按钮上绑定单击事件调用 btnclick 方法。

```
<button onClick="btnclick();"> 选择花花 </button>
```

5）实现随机选择功能

先生成一个随机的下标，这个下标对应着数组 flowers。生成随机下标即相当于随机选中一种花，如果有上一次选择的花则清除上次的选择效果，然后设置当前选择的花为突出显示并记录这次的选择，最后以 setTimeout 形成逻辑循环以达到不停选择的效果。

```
function selectflower(){
    var i= Math.random()*flowers.length;
    i=Math.floor(i);
    var flowersdiv=document.getElementsByClassName("flower");
    if(lastselected !=-1)
    {
        flowersdiv.item(lastselected).className="flower";
    }
    flowersdiv.item(i).className="flower selected";
    lastselected=i;
    tid=setTimeout("selectflower()",200);
}
```

轮 播 图

- 掌握使用 Array 创建数组的方法。
- 掌握使用 for 遍历数组的方法。
- 掌握有参函数的使用方法。
- 掌握 JSON 对象。
- 会使用定时器 setInterval。
- 掌握鼠标的事件 onmouseout、onmouseover 和 onclick。
- 会遍历 DOM 树。
- 能实现轮播图效果。

效果讲解演示

本案例中以七张图片组成轮播图(见图 2-1),居中的图片在最顶层全部显示,其他图片形成对称显示,并逐层遮挡变小,形成近大远小的遮挡效果。

图 2-1 轮播图

一 知 识 链 接

1. 常量、变量定义、赋值

JavaScript 中有三种定义变量的方式:const、var、let。

(1) const 定义的变量不可以修改,而且必须初始化。

例 常量的定义

```
const b=2;      // 正确
```

```
// const b;                                        // 错误，必须初始化
console.log('函数外 const 定义 b:'+ b);             // 有输出值
b= 5;                                             // 此句报错，无法修改
```

(2) var 定义的变量可以修改，如果不初始化会输出 undefined，不会报错。

例 变量的定义和使用

```
var a=1;
console. log( ' 函数外 var 定义 a: ' + a);              // 可以输出 a=1
function change(){
  a=4;
  console. log( ' 函数内 var 定义 a: ' + a);            // 可以输出 a=4
}
change();
console. log( ' 函数调用后 var 定义 a 为函数内部修改值 :'+ a);   // 可以输出 a=4
```

(3) let 是块级作用域，函数内部使用 let 定义后，对函数外部无影响。

例 变量的定义和使用

```
let a=1;
console. log( ' 函数外 let 定义 a: ' + a);              // 可以输出 a=1
function change(){
  let a=4;
  console. log( ' 函数内 let 定义 a: ' + a);            // 可以输出 a=4
}
change();
console. log( ' 函数调用后 let 定义 a 不受函数内部变量的影响 :'+ a);   // 可以输出 a=1
```

2. 数组的定义与遍历 (for)

数组对象用来在单独的变量名中存储一系列的值。数组对象的关键字是 Array，它和字面量 [ ] 等价。

例 数组的定义、初始化方法之一

```
var arr1=new Array();              // 定义元素个数为 0 的数组
var arr2= new Array('a',2,true);    // 定义并初始化数组
console.log(arr1,arr2);
```

例 数组的遍历方法之一 (arrayFor.html)

```
<!DOCTYPE html>
<html>
  <head>
      <meta charset="utf-8">
      <title> 使用 For 遍历数组 </title>
  </head>
  <body>
```

```
<script type="text/javascript">
        var arr2= new Array('a',2,true);        // 定义并初始化数组
        for(let m=0;m<arr2.length;m++)
        {
                console.log(arr2[m]);        // 访问数组元素
        }


    </script>
  </body>
</html>
```

3. 有参函数定义与调用

函数用于封装一段完成特定功能的代码。其定义语法是:

```
function 函数名 ([ 参数 1, 参数 2, ...])
{
    函数体 ...
}
```

函数的参数在函数中起占位符 (也叫形参) 的作用。参数可以为一个或多个。调用一个函数时所传入的参数为实参,实参决定着形参真正的值。

例 有参函数演示

```
function myFunction(a,b){
console.log(a+b);
}


myFunction(7,9);
```

4. 对象 (JSON) 的定义与遍历

JSON(JavaScript Object Notation) 是一种轻量级的数据交换格式,易于人阅读和编写,同时也易于机器解析和生成。它基于 JavaScript Programming Language 的 Standard ECMA-262 3rd Edition - December 1999 的一个子集。JSON 采用完全独立于语言的文本格式,但是也使用了类似于 C 语言 "家族" (包括 C、C++、C#、Java、JavaScript、Perl、Python 等) 的一些特性。这些特性使 JSON 成为理想的数据交换语言。

JSON 数据一般有两种表现形式:

第一种,对象形式。

例 for in 遍历 JSON 对象 (JSONForIn.html)

```
let person  = {
"name":"Tom",
"age" : "18"};
for( var attr in person){
```

```
console.log(person[attr]);              // 访问属性的方式一
}
console.log(person.name);               // 访问属性的方式二
```

第二种，数组形式。

例 JSON 数组演示 (JSONArray.html)

```
var arr=[{"name":"zhangsan","age":123},{"name":"wangwu","age":25}];
var parn=arr[0].name+" 今年的年龄是 "+arr[1].age+"岁吗？";
console.log(parn);
```

5. 定时器方法 setInterval 和 clearInterval

setInterval 是一个实现定时调用的方法，可按照指定的周期 (以毫秒计) 来调用函数或计算表达式。setInterval 方法会不停地调用函数，直到 clearInterval 方法被调用或窗口被关闭。

setInterval 的语法格式：

```
setInterval (JavaScript 函数，等待的毫秒数 )
```

其返回值表示代表该定时器的句柄。

clearInterval 方法可取消由 setInterval() 设定的定时执行操作。clearInterval 方法的参数必须是由 setInterval 返回的 ID 值。

注意：使用 clearInterval 方法 , 在创建执行定时操作时要使用全局变量。

例 网页不停更换颜色，直到调用清除定时器 (clearInteval.html)

```html
<html>
<head></head>
<body>
<button onclick="stopColor()"> 停止 </button>
<script>
var hwnd = setInterval(function(){ setColor() }, 300);

function setColor() {
    var x = document.body;
    x.style.backgroundColor = x.style.backgroundColor == "green" ? "blue" : "green";
}

function stopColor() {
    clearInterval(hwnd);
}
</script>
</body>
</html>
```

6. onmouseout、onmouseover 和 onclick 事件

JavaScript 的 onmouseover 和 onmouseout 事件都是关于鼠标指针移动至 HTML 元素的事件，二者的区别是：

(1) onmouseover 事件是指将光标移至元素上时产生的事件。

(2) onmouseout 事件是指将光标从元素上离开时产生的事件。

这两个事件往往是一起使用的，当光标移至元素上时触发一个事件，会产生一些效果；而当光标离开元素后又触发一个事件，恢复原来的效果。

例 当鼠标移动到表格行上时，行的背景颜色改变，鼠标移走颜色恢复 (MouserEvent1. html)

```html
<!DOCTYPE html>
<html>
    <head>
        <title></title>
        <meta charset="utf-8">
    </head>
    <body>
        <table align="center" border="1px" cellpadding="10px" cellspacing="0px"
bordercolor="blue" width="50%" align="center">
        <caption> 员工信息表 </caption>
            <thead>
        <tr>
            <td> 姓名 </td>
            <td> 年龄 </td>
            <td> 电话 </td>
            <td> 地址 </td>
            <td> 备注 </td>
        </tr>
        </thead>
        <tbody>
        <tr>
            <td> 张三 </td>
            <td>21</td>
            <td>123</td>
            <td> 上海漕合金 </td>
            <td> 无 </td>
        </tr>
        <tr>
            <td> 李四 </td>
```

```
                <td>21</td>
                <td>123</td>
                <td>上海漕合金</td>
                <td>无</td>
            </tr>
            <tr>
                <td>王五</td>
                <td>21</td>
                <td>123</td>
                <td>上海漕合金</td>
                <td>无</td>
            </tr>
        </tbody>
    </table>
<script>
var trs =document.getElementsByTagName('tr');
[ ].forEach.call(trs,function(row){
    row.onmouseover=function(){
        this. style.backgroundColor='gray';
    };
    row.onmouseout=function(){
        this. style.backgroundColor='transparent';
    };

});
</script>
    </body>
</html>
```

上面例子中的 [ ] 就是个数组，而且是用不到的空数组，用在这里就是为了访问它的数组原型的相关方法，比如 .forEach 。这是一种简写，完整的写法应该是：

```
Array.prototype.forEach.call(arr,function(item,index,array){...});
```

JS 的 onclick 事件是一种常用的事件，它在点击鼠标时被触发。

例 单击事件演示

```
<input type="button" value=" 点我点我 " onclick="ds()">
<script>
function ds(){
    console.log('hi,I am world');
}
</script>
```

7. DOM 元素的遍历

JS 中对 HTML 元素的遍历指在 DOM 节点树中沿着某条搜索路线，依次对树中每个节点进行访问，在这个过程中可能对节点进行元素特征的提取或修改。

适用于 DOM 元素节点遍历的方法有：

(1) childElementCount：只读属性返回指定父元素的子元素的数量；返回的值只包含子元素节点的数量，而不是所有子节点 (如文本和注释节点) 的数量。

(2) firstElementChild：只读属性返回指定的父元素的第一个子元素；如果父元素没有子元素，则此方法将返回 null 值。

(3) lastElementChild：只读属性返回指定的父元素的最后一个子元素；如果父元素没有子元素，则此方法将返回 null 值。

(4) previousElementSibling：只读属性在同一树级别，返回指定元素的前一个元素；如果没有先前的同级元素，则此方法返回 null。

(5) nextElementSibling：属性返回指定元素之后的下一个兄弟元素 (相同节点树层中的下一个元素节点)，如果没有后置的同级元素，则此方法返回 null。

例　DOM 遍历 (domBianli.html)

```html
<!doctype html>
<html>
<head>
<meta charset="utf-8">
<title>DOM 遍历 </title>
    <style>
        .this{background:red;}
    </style>
</head>

<body>
    <div>
        <p class="this"> 第一段 </p>
        <p> 第二段 </p>
        <p> 第三段 </p>
    </div>
<button onclick="toParent()"> 父元素 </button>
<button onclick="toFirstChild()"> 第一个子元素 </button>
<button onclick="toLastChild()"> 最后一个子元素 </button>
<button onclick="toPrev()"> 前一个元素 </button>
<button onclick="toNext()"> 后一个元素 </button>

<script>
```

```javascript
function toParent() {
    var current = document.getElementsByClassName('this')[0];
    if (current.parentNode && current.parentNode != document.body) {
        current.className = "";
        current.parentNode.className = "this";
    }
    else
    {
        alert(' 已到顶级 ');
    }
}
function toFirstChild() {
    var current = document.getElementsByClassName('this')[0];
    if (current.firstElementChild) {
        current.className = "";
        current.firstElementChild.className = "this";
    }
    else {
        alert(' 无子元素 ');
    }
}
function toLastChild() {
    var current = document.getElementsByClassName('this')[0];
    if (current.lastElementChild) {
        current.className = "";
        current.lastElementChild.className = "this";
    }
    else {
        alert(' 无子元素 ');
    }
}
function toPrev() {
    var current = document.getElementsByClassName('this')[0];
    if (current.previousElementSibling) {
        current.className = "";
        current.previousElementSibling.className = "this";
    }
    else {
        alert(' 无前元素 ');
```

```
                }
            }
            function toNext() {
                var current = document.getElementsByClassName('this')[0];
                if (current.nextElementSibling) {
                    current.className = "";
                    current.nextElementSibling.className = "this";
                }
                else {
                    alert(' 无后元素 ');
                }
            }
        </script>
    </body>
</html>
```

8. getElementsByTagName 和 getElementById 方法

语法格式:

```
document. getElementsByTagName (tagname)
```

该方法可返回带有指定标签名的对象的集合。

语法格式:

```
document. getElementById (id)
```

该方法可返回对拥有指定 ID 的第一个对象的引用。

例   getElementsByTagName 演示 (getElementsByTagName.html)

```
<!DOCTYPE html>
<html>
 <head>
    <meta charset="utf-8">
    <title>getElementsByTagName 演示 </title>
 </head>
 <body>
    <h1 >my header1</h1>
    <h2 >my header2</h2>
    <p >my p</p>
    <script type="text/javascript">
        var heros=document.getElementsByTagName('h1');
        for(var one_hero in heros)
        {
            heros[one_hero].style.border='1px solid red';
```

```
        }
    </script>
  </body>
</html>
```

例　getElementById 演示 (getElementById2.html)

```
<!DOCTYPE html>
<html>
<head>
    <meta charset="utf-8">
    <title>getElementById 演示 </title>
<script type="text/javascript">
    function showMe ()
    {
        document.getElementById("myHeader"). innerHTML=' 是我在这里 ';
    }
    function showUs()
    {
        var ps=document. getElementsByTagName ("p");
        for(let onep of ps){
            onep. innerHTML=' 是我们 ';
        }
    }
</script>
</head>
<body>

<h1 id="myHeader" onclick="showMe()">This is a header</h1>
<p onclick=" showUs ()">I'm a p</p>
<p onclick=" showUs ()">I'm a p too</p>

</body>
</html>
```

二　案　例　实　现

1. 设计思路

　　效果图中以七幅图片组成轮播图组件，默认从右向左滚动，以位置遮挡和图片尺寸模拟近大远小的立体效果：中间的图片最大且最清晰，从中间到两侧的图片尺寸逐渐变小，且透明度逐渐增大。当鼠标移动到轮播图上时轮播暂停，且出现控制按钮，拖动控制按钮可向左向右切换图片显示，鼠标移走后恢复自动播放。

2. 实现步骤

1）设计页面结构

该案例页面结构设计如图 2-2 所示。

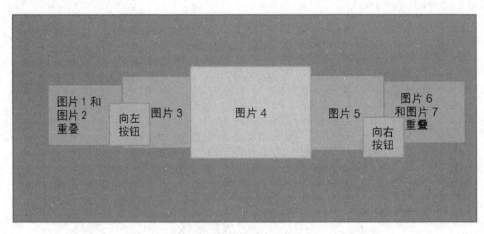

图 2-2　页面结构设计图

在结构设计中列出了所有要展示的图片和两个按钮（以超链接实现），对应的 HTML 代码如下：

```html
<div class="wrap" id="wrap">
<ul class="content">
        <li style="background:url(images/1.jpg)"></li>
        <li style="background:url(images/2.jpg)"></li>
        <li style="background:url(images/3.jpg)"></li>
        <li style="background:url(images/4.jpg)"></li>
        <li style="background:url(images/5.jpg)"></li>
        <li style="background:url(images/6.jpg)"></li>
        <li style="background:url(images/7.jpg)"></li>
    </ul>
    <a href="javascript:;" class="prev">&#60;</a>
    <a href="javascript:;" class="next">&#62;</a>
    </div>
```

框架写完之后的效果如图 2-3 所示。

图 2-3　未经美化的轮播图效果

2) 初步样式设置

项目列表不显示项目符号。

```
ul {
  list-style: none;
}
```

wrap 盒子尺寸和位置设置。

```
.wrap {
  position: relative;
  width: 1200px;
  height: 360px;
  margin: 100px auto;
}
```

content 盒子尺寸和位置设置。

```
.content {
  position: absolute;
  width: 100%;
  height: 100%;
}
```

此部分代码完成后网页上只有左右两个按钮可以看到，而所有图片都看不到了，效果如图 2-4 所示。

图 2-4　初始样式设置后的效果图

3) 初始化图片位置

把图片绝对定位的数据存储在数组 picSet 中，且图片的尺寸、重叠遮挡、透明度等信息也存储在这个数组里。本案例的实现中并没有用 3D 视图，而是模拟出近大远小的效果。

```
var picSet = [
  { "top": 60, "left": 0, "width": 400, "height": 240, "zIndex": 1, "opacity": 0 },
  { "top": 60, "left": 0, "width": 400, "height": 240, "zIndex": 2, "opacity": 40 },
  { "top": 30, "left": 150, "width": 500, "height": 300, "zIndex": 3, "opacity": 70 },
  { "top": 0, "left": 300, "width": 600, "height": 360, "zIndex": 4, "opacity": 100 },
  { "top": 30, "left": 550, "width": 500, "height": 300, "zIndex": 3, "opacity": 70 },
```

```
        { "top": 60, "left": 800, "width": 400, "height": 240, "zIndex": 2, "opacity": 40 },
        { "top": 60, "left": 800, "width": 400, "height": 240, "zIndex": 1, "opacity": 0 }
    ];
```

在页面加载完成后使用 JS 代码初始化图片的初始位置，先是获取到所有显示为图片的 li，并将其存储在变量 liArr 中，然后使图片数组 liArr 和位置数组 picSet 一一对应，完成初始状态的显示（在函数 setImageParam 中）。

```
window.onload = function () {
    var wrap=document.getElementById('wrap');
    var cont=wrap.firstElementChild || wrap.firstChild;
    var liArr = cont.children;
    ...                    //此处省略了与轮播和控制按钮有关的代码
    setImageParam(liArr);// 初始化显示
    ...                    //此处省略了与轮播和控制按钮有关的代码
}
function setImageParam(liArr) {
    for (var i = 0; i < liArr.length; i++) {
        let obj = liArr[i], json = picSet[i];        //每个图片对应一个位置
        for (var k in json) {            // 通过遍历 JSON 属性的方法设置每一个图片的状态
            if (k == 'zIndex') {
                obj.style[k] = json[k];
            } else if (k == 'opacity') {
                obj.style[k] = json[k] / 100;
                obj.style.filter = 'alpha(opacity=' + json[k] + ')';
            } else {
                obj.style[k] = json[k] + 'px';
            }
        }
    }
}
```

这部分代码完成后，图片已经就位，但是它们仍然不会动，效果如图 2-5 所示。

图 2-5　完整的静止效果图

4)　实现动画轮播功能

动画是使用 CSS 的过渡动画实现的。在 CSS 设置好过渡动画属性，然后在 JS 中使用定时器不停地修改图片的样式属性来实现过渡动画。由于设计中的 7 个图片状态 (不是图片而是状态) 是固定的，图片是固定的 (不增不删)，一个图片对应一个状态，所以只需要使图片与状态的对应关系不断发生变化即可。

样式部分：

```css
.content li{
    position: absolute;
    background-size:100% 100% !important;
    cursor: pointer;
        box-shadow:0px 0px 5px rgba(0,0,0,0.4);
        transition:all 1s;        // 设置过渡动画
}
```

脚本部分：

```javascript
window.onload = function () {

        var wrap=document.getElementById('wrap');
        var cont=wrap.firstElementChild || wrap.firstChild;
        var liArr = cont.children;
        ... // 此处省略了与控制按钮有关的代码
        function run() {
            // 使用定时器不停更换图片与状态的对应关系，产生动画
            if (wrap.timer) clearInterval(wrap.timer);
            wrap.timer = setInterval(function () {
                move(true);
            }, 2000);
        }
        function move(bool){
            // 参数值为 true 表示从右向左轮动，为 false 表示从左向右轮动
            if (bool) {
            // 要实现从右向左的轮动，只需要让第一个状态变成最后一个状态，这样原第 2 到
            // 第 7 个状态将与原第 1 张到第 6 张图片对应，这样就实现了正确的效果
                picSet.unshift(picSet.pop());// 最后一个元素移动到最前，向左移
            } else {
    // 要实现从左向右的轮动，只需要让最后一个状态变成第一个状态，就实现了正确的效果
                picSet.push(picSet.shift());        // 最前的元素移动到最后，向右移
            }
            setImageParam(liArr);        // 按照新的状态顺序设置图片

        }
        setImageParam(liArr);        // 初始化显示
```

```
    run();                              // 启动动画
  }
```

5) 实现左右按钮功能

左右翻页按钮使用绝对定位，定位到轮播图区域垂直居中的两端位置，且默认是隐藏的，当鼠标悬停在轮播图上的时候显示出来。

```css
.wrap a {
  position: absolute;
  display: none;
  z-index: 2;
  top: 50%;
  width: 60px;
  height: 60px;
  margin-top: -30px;
  font: 36px/60px " 宋体 ";
  text-align: center;
  text-decoration: none;
  color: #fff;
  background: rgba(255, 100, 0, .6);
  transition: background 1s ease;
}
.wrap a:hover {
  background: rgb(255, 100, 0);
}
.prev {
  left: 30px;
}
.next {
  right: 30px;
}
```

以上 CSS 代码完成后，当鼠标悬停在轮播图区域时，控制按钮会显示出来，效果如图 2-6 所示。

图 2-6 鼠标悬停时的效果图

对两个按钮绑定单击事件，由单击时向 move 方法传递的不同参数决定轮动的方向。

```
window.onload = function () {

    var wrap=document.getElementById('wrap');
    var cont=wrap.firstElementChild || wrap.firstChild;
    var btnArr=wrap.getElementsByTagName('a');         //左右按钮

    btnArr[1].onclick = function () {
        move(true);                                    //向左
    }
    btnArr[0].onclick = function () {
        move(false);                                   //向右
    }
}
}
```

6) 实现鼠标悬停轮播暂停功能

对轮播图组件绑定 onmouseover 和 onmouseout 事件，当鼠标移动到轮播图上时使左右按钮显示，并清除定时器实现动画暂停；当鼠标移出轮播图时使左右按钮隐藏，并调用 run 方法重新启动定时器开始动画。

```
var wrap=document.getElementById('wrap');

wrap.onmouseover = function () {
    //按钮显示，动画暂停
    for (var i=0;i<btnArr.length;i++) {
        btnArr[i].style.display='block';
    }
    clearInterval(wrap.timer);
}
wrap.onmouseout = function () {
    //按钮隐藏，动画启动
    for (var i=0;i<btnArr.length;i++) {
        btnArr[i].style.display='none';
    }
    run();
}
```

捕鱼键盘猎手

▶ 学习目标

- 理解对象的含义。
- 掌握对象的用法。
- 了解 for in 和 for of 的区别。
- 会使用画布。
- 会使用 Ajax。
- 了解值传递和引用传递的区别。

▶ 效果讲解演示

本案例是一个大型综合案例，使用了画布、Ajax、对象等重要知识点制作了一款游戏，如图 3-1 所示。这个游戏中有三个界面：欢迎界面、游戏界面、排行榜界面。在欢迎界面中点击按钮"开始游戏"可进行游戏，游戏时通过键盘控制捕获游鱼，游戏结束后可通过排行榜查看最高的几次分数。

图 3-1　捕鱼键盘猎手游戏界面

一　知　识　链　接

1. 对象的概念式

现实生活中万物皆对象。对象是一个具体的事物，一个具体的事物就会有行为和特征。例如：一部车是一个对象，一个手机是一个对象。车是一类事物，门口停的那辆车才是对象，红色、四个轮子是它的特征，驾驶、刹车是它具有的行为。

JavaScript 中的对象其实就是生活中对象的一个抽象。JavaScript 的对象是无序属性的集合。其属性可以包含基本值、对象或函数。对象就是一组没有顺序的值。我们可以把 JavaScript 中的对象想象成键值对，其中值可以是数据和函数。在 JS 中，对象的行为对应着方法，特征对应着属性。

2. 对象的字面量语法和 JSON 数据格式

对象字面量语法指包围在花括号中的零个或多个键值对。字面量的写法需要在末尾加分号，表示结束；每个键值对都表示该对象的一个属性，定义属性时，每两个属性之间需要用逗号分隔；属性值加双引号。

例　对象的字面量表示

```
var gameinfo={
        name: " 捕鱼键盘猎手 ",x: 360,y: 150,
        fontsize: "60px 宋体 "
    };
```

例　以对象的形式描述一下自己喜爱的书籍

```
var mylove = {
        name:" 西游记 ",
        author:" 吴承恩 "
    };
console.log(mylove);
```

JSON 是一种轻量级的数据交换格式，采用完全独立于语言的文本格式，是理想的数据交换格式。同时，JSON 是 JavaScript 的原生格式，这意味着在 JavaScript 中处理 JSON 数据不需要任何特殊的 API 或工具包。

在 JSON 中有两种结构：对象和数组。

1) 对象

语法格式：

```
var person = {"name":"Liza", "password":"123"};
```

一个对象以"{"开始，"}"结束，"key/value"之间用","分隔。

2) 数组

语法格式：

```
var persons = [{"name":"Liza", "password":"123"}, {"name":"Mike", "password":"456"}];
```

数组是值的有序集合。一个数组以"["开始，"]"结束，值之间用","分隔。

例　以 JSON 的形式描述一下自己喜爱的书籍

```
var mylove = {
        "name":" 西游记 ",
        "author":" 吴承恩 "
    };
```

```
console.log(mylove);
```

JSON 与对象的区别：

(1) 对象中成员名不用引号进行包裹。

(2) JSON 推荐使用双引号来包裹成员名和字符串型的值。

3. 对象成员的访问

对象字面量的输出方式有两种：传统方式和数组方式。只不过用数组方式输出时，方括号里面是属性名 (可以是引号标识的字符串，也可以是表示字符串的变量)。

例 以传统方式访问对象成员 (Object1.html)

```
var startgame={name: " 开始游戏 ",x: 460,y: 250, fontsize: "40px 宋体 ",cursor:"pointer"};
console.log(startgame.name);
console.log(startgame.x);
```

例 以数组方式输出 (Object2.html)

```
var startgame={name: " 开始游戏 ",x: 460,y: 250, fontsize: "40px 宋体 ",cursor:"pointer"};

for(var item in startgame)
{
        console.log(startgame[item]);
}
```

4. for in 和 for of

for in 除了上节讲到的可以遍历对象的成员外，还可以遍历数组。

例 for in 遍历数组 (forin2.html)

```
var  arr = [1, 2, 3];
let index;
for(index in arr) {
    console.log(index,arr[index]);
}
```

输出结果如下：

```
0  1
1  2
2  3
```

for of 是 ES6 的标准，该方法遍历的是对象的属性所对应的值 (value：键值)，所以它用来遍历数组时得到每个元素的值。

例 for of 遍历数组 (forof.html)

```
var  arr = [1, 2, 3];
let val;
for(val of arr) {
    console.log(val);
```

```
    }
```

输出结果如下：

```
    1
    2
    3
```

5. 构造函数

构造函数是一种特殊的函数，主要用来在创建对象时初始化对象，即为对象成员变量赋初始值。

例 通过水果构造函数创建苹果、香蕉、橘子对象。其特点在于这些对象都基于同一个模板创建，同时每个对象又有自己的特征。在类的构造函数中使用 this 代表创建的对象 (ObjectFruit.html)

```
function Fruit(color,size){
    this.color=color;
    this.size=size;
}
var apple= new Fruit("red",5);
var banana= new Fruit("yellow",6);
console.log(apple);
console.log(banana);
```

例 总结人应该具有的属性或方法 / 行为 (ObjectPerson.html)

```
function Person(name,age)
{
    this.name=name;
    this.age=age;
    this.run=function(){
        console.log("hi,I'm"+this.name+", I can run");
    }
}
Person p= new Person(" 小皮 ",18);
p.run();
```

普通函数与构造函数的区别：

(1) 构造函数也是一个普通函数，创建方式和普通函数一样，但构造函数习惯上首字母大写。

(2) 调用方式不一样，普通函数的调用方式为直接调用 fruit()，而构造函数的调用方式为需要使用 new 关键字来调用 new Fruit ()。

(3) 构造函数的函数名与类名相同，如 Fruit ( ) 这个构造函数，Fruit 既是函数名，也是这个对象的类名。

(4) 构造函数若用 return 返回一个数组或对象等复合类型数据，则构造函数直接返回该数据，而不会返回原来创建的对象；若返回的是基本类型数据，则返回的数据无效，依然会返回原来创建的对象。

JavaScript 语言中，生成实例对象的传统方法是通过构造函数和原型的组合模式。ES6 提供了更接近传统语言 (Java) 的写法，引入了 class(类) 这个概念，作为对象的模板。通过 class 关键字，可以定义类。ES6 的类 (class) 可以看作只是一个语法糖，它的绝大部分功能 ES5 都可以做到，新的类 (class) 写法只是让对象原型的写法更加清晰，更像面向对象编程的语法而已。

例 游戏引擎的类 (class) 语法

```javascript
class Game{
    constructor(){
        // 构造函数
    }
    Init(){
        // 初始化
    }
    Play(){
        // 进行游戏
    }
}
let Game game= new Game();
game.init();
game.play();
```

constructor 方法是类的默认方法，通过 new 命令生成对象实例时，自动调用该方法。一个类必须有 constructor 方法，如果没有显式定义，则一个空的 constructor 方法会被默认添加。constructor 方法默认返回实例对象 (即 this)。

例 用新语法重写一个实例——总结人应该具有的属性或方法 / 行为 (ObjectPerson2.html)

```javascript
class Person()
{
    constructor(){
        this.name=name;
        this.age=age;
    }
    run (){
        console.log("hi,I'm"+this.name+", I can run");
    }
}
Person p= new Person(" 小皮 ",18);
```

```
        p.run();
```

6. 画布

canvas(画布) 是 HTML5 新增的元素，可用于通过使用 JavaScript 中的脚本来绘制图形。其基本使用方法如下：

第一步：准备画布。创建 canvas 标签并指定画布的尺寸。指定画布尺寸的方法有两种，一是在 HTML 标签中指定，二是在 JS 中指定。

```
<canvas id="cavsElem" width="400" height="300">

您的浏览器不支持 canvas

</canvas>
```

或者在标签中不设置 width 和 height 属性，在 JS 中增加以下代码：

```
var canvas = document.getElementById('cavsElem');

canvas.width=400;        // 不要使用 canvas.style.width 进行赋值

canvas.height=300;
```

第二步：准备画笔。要在这块画布 (canvas) 上绘图，需要取得绘图上下文。而取得绘图上下文对象的引用，需要调用 getContext() 方法并传入上下文的名字。传入 "2d"，就可以取得 2D 上下文对象。

```
var context = canvas.getContext('2d');
```

读者看到这里可能很自然地认为，既然有 2D 那一定是有 3D 的。API 介绍中有提示：在未来，如果 canvas 标签扩展到支持 3D 绘图，则 getContext() 方法可能允许传递一个 "3d" 字符串参数。但是越来越多浏览器都已经支持 webGL，这个 getContext("3d") 有可能再也不会来了。

第三步：绘制 2D 图形。使用 2D 绘图上下文提供的方法，可以绘制简单的 2D 图形，比如矩形、弧线和路径。2D 上下文的坐标开始于 <canvas> 元素的左上角，原点坐标是 (0,0)，所有坐标值基于这个坐标原点计算，越向右 x 越大，越向下 y 越大。

2D 上下文基本的绘图方式有两种：填充和描边。顾名思义，填充就是用指定的颜色来填充图形，描边就是绘制边缘。这两种方法分别为 fillStyle 和 strokeStyle。

与矩形有关的方法包括 fillRect() 、strokeRect() 和 clearRect() 。这三个方法都能接收 4 个参数：矩形的 x 坐标、矩形的 y 坐标、矩形宽度和矩形高度。这些参数的单位都是像素。

例　绘制填充矩形 (CanvasRectFill.html)

```
<!DOCTYPE html>

<html>

  <head>

      <meta charset="utf-8">

      <title> 填充矩形 </title>

  </head>

  <body>

      <canvas id="cavsElem">
```

```
        您的浏览器不支持 canvas
    </canvas>
    <script type="text/javascript">
        var canvas = document.getElementById('cavsElem');
        canvas.width=400;          // 不要使用 canvas.style.width 进行赋值
        canvas.height=300;
        var context = canvas.getContext("2d");
        // 绘制红色矩形
        context.fillStyle = "#ff0000";
        context.fillRect(10, 10, 50, 50);
        // 绘制半透明的蓝色矩形
        context.fillStyle = "rgba(0,0,255,0.5)";
        context.fillRect(30, 30, 50, 50);

    </script>
    </body>
</html>
```

效果如图 3-2 所示。

图 3-2　填充矩形演示

例　绘制描边矩形 (CanvasRectStroke.html)

```
<!DOCTYPE html>
<html>
  <head>
    <meta charset="utf-8">
    <title> 描边矩形 </title>
  </head>
  <body>
    <canvas id="cavsElem">
        您的浏览器不支持 canvas
    </canvas>
    <script type="text/javascript">
        var canvas = document.getElementById('cavsElem');
```

```
        canvas.width=400;        // 不要使用 canvas.style.width 进行赋值
        canvas.height=300;

        var context = canvas.getContext("2d");
        context.strokeStyle = "#ff0000";
        context.strokeRect(10, 10, 50, 50);
        // 绘制半透明的蓝色描边矩形
        context.strokeStyle = "rgba(0,0,255,0.5)";
        context.strokeRect(30, 30, 50, 50);

    </script>
  </body>
</html>
```

效果如图 3-3 所示。

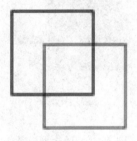

图 3-3 描边矩形演示

例 清除矩形 (CanvasRectClear.html)

```
<!DOCTYPE html>
<html>
  <head>
    <meta charset="utf-8">
    <title> 清除矩形 </title>
  </head>
  <body>
    <canvas id="cavsElem">
    您的浏览器不支持 canvas
    </canvas>
    <script type="text/javascript">
        var canvas = document.getElementById('cavsElem');
        canvas.width=400;        // 不要使用 canvas.style.width 进行赋值
        canvas.height=300;
```

```
                    var context = canvas.getContext("2d");
                    // 绘制红色矩形
                    context.fillStyle = "#ff0000";
                    context.fillRect(10, 10, 50, 50);
                    // 绘制半透明的蓝色矩形
                    context.fillStyle = "rgba(0,0,255,0.5)";
                    context.fillRect(30, 30, 50, 50);
                    // 在两个矩形重叠的地方清除一个小矩形
                    context.clearRect(40, 40, 10, 10);
                </script>
            </body>
        </html>
```

效果如图 3-4 所示。

图 3-4　清除矩形演示

通过路径可以创造出复杂的形状和线条。要绘制路径，首先必须调用 beginPath() 方法，表示要开始绘制新路径。然后，再通过调用下列方法来实际地绘制路径。

(1) arc(x, y, radius, startAngle, endAngle, counterclockwise)：以 (x,y) 为圆心绘制一条弧线，弧线半径为 radius，起始和结束角度 (用弧度表示) 分别为 startAngle 和 endAngle。最后一个参数表示 startAngle 和 endAngle 是否按逆时针方向计算，值为 false 表示按顺时针方向计算。

(2) arcTo(x1, y1, x2, y2, radius)：从上一点开始绘制一条弧线，到 (x2,y2) 为止，并且以给定的半径 radius 穿过 (x1,y1)。

(3) bezierCurveTo(c1x, c1y, c2x, c2y, x, y)：从上一点开始绘制一条曲线，到 (x,y) 为止，并且以 (c1x,c1y) 和 (c2x,c2y) 为控制点。

(4) lineTo(x, y)：从上一点开始绘制一条直线，到 (x,y) 为止。

(5) moveTo(x, y)：将绘图游标移动到 (x,y)，不画线。

(6) quadraticCurveTo(cx, cy, x, y)：从上一点开始绘制一条二次曲线，到 (x,y) 为止，并且以 (cx,cy) 作为控制点。

(7) rect(x, y, width, height)：从点 (x,y) 开始绘制一个矩形，宽度和高度分别由 width 和 height 指定。这个方法绘制的是矩形路径，而不是 strokeRect() 和 fillRect() 所绘制的独立的形状。

　　如果想绘制一条连接到路径起点的线条，则可以调用 closePath()。如果路径已经完成，想用 fillStyle 填充它，则可以调用 fill() 方法。另外，还可以调用 stroke() 方法对路径描边，描边使用的是 strokeStyle。最后还可以调用 clip()，这个方法可以在路径上创建一个剪切区域。

　　例　绘制时钟 (CanvasClock.html)

```
<!DOCTYPE html>
<html>
  <head>
      <meta charset="utf-8">
      <title> 时钟 </title>
  </head>
  <body>
      <canvas id="cavsElem">
      您的浏览器不支持 canvas
      </canvas>
      <script type="text/javascript">
          var canvas = document.getElementById('cavsElem');
          canvas.width=400;
          canvas.height=300;

          var context = canvas.getContext("2d");
          // 开始路径
          context.beginPath();
          // 绘制外圆
          context.arc(100, 100, 99, 0, 2 * Math.PI, false);
          // 绘制内圆
          context.moveTo(194, 100);
          context.arc(100, 100, 94, 0, 2 * Math.PI, false);
          // 绘制分针
          context.moveTo(100, 100);
          context.lineTo(100, 15);
          // 绘制时针
          context.moveTo(100, 100);
          context.lineTo(35, 100);
          // 描边路径
          context.stroke();
      </script>
  </body>
</html>
```

效果如图 3-5 所示。

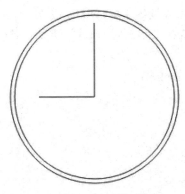

图 3-5　时钟

绘制文本主要有两个方法：fillText() 和 strokeText() 。这两个方法都可以接收 4 个参数：要绘制的文本字符串、x 坐标、y 坐标和可选的最大像素宽度。

例　绘制文本 (CanvasText.html)

```html
<!DOCTYPE html>
<html>
  <head>
    <meta charset="utf-8">
    <title> 绘制文本 </title>
  </head>
  <body>
    <canvas id="cavsElem">
    您的浏览器不支持 canvas
    </canvas>
    <script type="text/javascript">
        var canvas = document.getElementById('cavsElem');
        canvas.width=400;
        canvas.height=300;

        var context = canvas. getContext("2d");
        context.fillStyle = "red";
        context.font = "bold 26px";          // 字体祥式
        context.textAlign = "start";         // 对齐方式为左对齐
        context.textBaseline = "top";        // 基线
        context.fillText(" 世界你好 ",100,100,200);
    </script>
  </body>
</html>
```

效果如图 3-6 所示。

← → C ⓘ 127.0.0.1:8848/code/CanvasText.html

世界你好

图 3-6 绘制文本演示

drawImage() 方法在画布上绘制图像、画布或视频。它有以下三种用法：

语法 1：

```
context.drawImage(img,x,y);
```

语法 2：

```
context.drawImage(img,x,y,width,height);
```

语法 3：

```
context.drawImage(img,sx,sy,swidth,sheight,x,y,width,height);
```

其中：img 规定要使用的图像、画布或视频；sx 可选，表示源图像中开始剪切的 x 坐标位置；sy 可选，表示源图像中开始剪切的 y 坐标位置；swidth 可选，表示源图像中被剪切图像的宽度；sheight 可选，表示源图像中被剪切图像的高度；x 表示在画布上放置图像的 x 坐标位置；y 表示在画布上放置图像的 y 坐标位置；width 可选，表示要在画布中绘制的图像的宽度 (伸展或缩小图像)；height 可选，表示要在画布中绘制的图像的高度 (伸展或缩小图像)。

例 在画布中显示气泡图片 (CanvasImage.html)

```
<!doctype html>
<html>
<head>
<meta charset="utf-8">
<title> 显示气泡 </title>
</head>
<body>
  <canvas id="cavsElem"></canvas>
  <script>
      var canvas = document.getElementById('cavsElem');
      canvas.width=400;   // 不要使用 canvas.style.width 进行赋值
      canvas.height=300;

      var context = canvas. getContext("2d");
      var qipaoImg = new Image();
```

```
        qipaoImg.src = './images/qipao.png';
        qipaoImg.onload = function () {
            context.drawImage(qipaoImg,0,0);
        };
    </script>
</body>
</html>
```

这里为什么要把 drawImage 方法写到图片的 onload 事件里呢？这是因为 HTML 里图片的加载是异步的（设置 src 本身是同步的，但是浏览器下载和显示图片是异步的）。如果在资源还没有加载完成的时候就执行了 drawImage，则无法成功加载到画布当中，所以要加一个 onload 事件。

例　当图片比画布小的时候，让图片填充满画布 (CanvasImage1.html)

```
<canvas id="cavsElem"></canvas>
<script>
        var canvas = document.getElementById('cavsElem');

        canvas.width=800;

        canvas.height=800;

        canvas.style="border:1px solid #000";


        var context = canvas. getContext("2d");

        var fu = new Image();

        // 福字的尺寸是 633×633

        fu.src = './images/fu.png';

        fu.onload = function () {

            // 下面这句的效果，如图 3-7 左图所示

            //context.drawImage(fu,0,0);

            // 下面这句的效果，如图 3-7 右图所示

context.drawImage(fu,0,0,fu.width,fu.height,0,0,canvas.width,canvas.width);

        };

</script>
```

图 3-7　图片比画布尺寸小时的平铺填充

例　当图片比画布大的时候，让图片填充满画布 (CanvasImage2.html)

```
<canvas id="cavsElem"></canvas>
<script>
    var canvas = document.getElementById('cavsElem');
    canvas.width=400;
    canvas.height=400;
    canvas.style="border:1px solid #000";

    var context = canvas. getContext("2d");
    var fu = new Image();
    // 福字的尺寸是 633×633
    fu.src = './images/fu.png';
    fu.onload = function () {
        // 下面这句的效果，如图3-8左图所示
        //context.drawImage(fu,0,0);
        // 下面这句的效果，如图3-8右图所示
context.drawImage(fu,0,0,fu.width,fu.height,0,0,canvas.width,canvas.width);
    };
</script>
```

图 3-8　图片比画布尺寸大时的平铺填充

7. 鼠标事件

鼠标事件是 Web 开发中最常用的一类事件。例如，鼠标滑过时，切换 Tab 栏显示的内容；利用鼠标拖曳状态框，调整它的显示位置等。这些常见的网页效果都会用到鼠标事件。常用的鼠标事件见表3-1。

表 3-1　常用的鼠标事件

事件名称	事件触发时机
click	当按下并释放任意鼠标按键时触发
dblclick	当鼠标双击时触发
mouseover	当鼠标进入时触发

事件名称	事件触发时机
mouseout	当鼠标离开时触发
mousedown	当按下任意鼠标按键时触发
mouseup	当释放任意鼠标按键时触发
mousemove	在元素内当鼠标移动时持续触发

在项目开发中还经常涉及一些常用的鼠标属性，用来获取当前鼠标的位置信息，见表 3-2。

表 3-2　鼠标事件中与位置有关的属性

位置属性 (只读)	描　　述
clientX	鼠标指针位于浏览器页面当前窗口可视区的水平坐标 (X 轴坐标)
clientY	鼠标指针位于浏览器页面当前窗口可视区的垂直坐标 (Y 轴坐标)
pageX	鼠标指针位于文档的水平坐标 (X 轴坐标)，IE6 ～ 8 不兼容
pageY	鼠标指针位于文档的垂直坐标 (Y 轴坐标)，IE6 ～ 8 不兼容
screenX	鼠标指针位于屏幕的水平坐标 (X 轴坐标)
screenY	鼠标指针位于屏幕的垂直坐标 (Y 轴坐标)

例　鼠标事件实例 (MouseEvent2.html)

```
<html>
<head><title> 鼠标事件 </title></head>
<body>
<div id="d1"style="width:300px;height:300px;background:red;"></div>
<script>
document.getElementById('d1').ondblclick=function(){
            console.log(' 我是双击显示的 ');
}
document.getElementById('d1').onmousedown=function(){
            console.log (' 我是鼠标摁下提示 ');
}
document.getElementById('d1').onmouseup=function(){
            console.log (' 鼠标抬起的提示 ');
}
document.getElementById('d1').onmousemove=function(){
            console.log (' 鼠标移动的提示 ');
}
document.getElementById('d1').onmouseover=function(){
```

```
                        console.log (' 鼠标移入操作 ');
        }
        document.getElementById('d1').onmouseout=function(){
                        console.log (' 鼠标移出操作 ');
        }
    </script>
    </body>
    </html>
```

例　在画布中指定的区域内鼠标形状改变 (MouseEvent3.html)

```
<!DOCTYPE html>
<html>
<head>
    <meta charset="utf-8" />
    <title> 捕鱼键盘猎手 </title>
    <style>
        canvas{margin:0 auto;display:block;}
    </style>
</head>
<body>
    <canvas id="game"></canvas>
    <script>
        var canvas = document.querySelector("#game");

        // 初始化画布
        canvas.style.border = "1px solid #000";
        canvas.width = 1100;
        canvas.height = 600;
        // 获取画笔
        var context = this.canvas.getContext('2d');
        // 加载背景图
        var bgImg = new Image();
        bgImg.src = "./images/bg.jpg";

    var startgame={name: " 开始游戏 ",x: 460,y: 250,fontsize: "40px 宋体 ",cursor:"pointer"};

        bgImg.onload=function(){
            // 绘制背景图
            context.drawImage(bgImg, 0, 0,bgImg.width,bgImg.height, 0, 0,canvas.width,canvas.
height);    // 平铺
```

```
            context.font = startgame.fontsize;
            context.fillStyle = "#f00";
            context.fillText(startgame.name, startgame.x, startgame.y);
        }
        canvas.onmousemove=function(e){
            let rect ={x: startgame.x + e.target.offsetLeft, y: startgame.y + e.target.offsetTop,
                                            w: startgame.name.length*40, h:40};
    if(e.x>rect.x && e.x<rect.x+rect.w && e.y<rect.y && e.y > rect.y-rect.h)
            {
                    this.style.cursor= startgame.cursor;
            }
            else
            {
                    this.style.cursor='default';
            }
        };
    </script>
</body>
</html>
```

8. 键盘事件

在 JavaScript 中，当用户操作键盘时，会触发键盘事件。键盘事件主要包括三种类型，见表 3-3。

表 3-3　键盘事件

事件名称	事件触发时机
keypress	当任意键 (Shift、Fn、CapsLock 键除外) 按下时连续触发
keydown	当任意键按下时触发
keyup	当任意键弹起时触发

例 实现键盘控制元素在页面上移动 (类似游戏中的人物移动 KeyEvent.html)

```
<!doctype html>
<html>
<head>
<meta charset="utf-8">
<title> 键盘事件 </title>
    <style>
        #person{
            width: 130px;
```

```
            position: absolute;
            top:0px; left: 0px;
        }
    </style>
</head>

<body>
    <img src="images/p.jpg" id="person">
    <script>
    var step=10;
    var person =document.getElementById('person');
    document.onkeypress=function(e){
        switch(e.key){
            case 's':
                var top= getCssProp(person,"top");
                person.style.top = (top + step)+"px";
                console.log('down');
                break;
            case 'd':
                var left= getCssProp(person,"left");
                person.style.left = (left + step)+"px";
                console.log('right');
                break;
            case 'a':
                var left= getCssProp(person,"left");
                person.style.left = (left - step)+"px";
                console.log('left');
                break;
            case 'w':
                var top= getCssProp(person,"top");
                person.style.top = (top - step)+"px";
                console.log('up');
                break;
        }
    }

    function getCssProp(obj,prop){
        var p= getComputedStyle(obj,null)[prop];
        return parseInt(p);
```

```
    }
    </script>
</body>
</html>
```

效果如图 3-9 所示。

图 3-9 键盘控制小人移动

9. onload 事件

onload 事件会在页面或图像加载完成后立即发生。

用法一：onload 通常用于 <body> 元素，在页面完全载入后（包括图片、css 文件等）执行脚本代码。此种情况通常需要对页面元素进行一些属性或内容的修改，若元素未加载就想操作它，则会出现错误，这是一个代码执行时机的问题。它通常有以下几种用法。

在 HTML 中的用法：

```
<body onload="SomeJavaScriptCode">
```

在 JavaScript 中的用法一：

```
window.onload=function(){SomeJavaScriptCode};
```

在 JavaScript 中的用法二：

```
window.addEventListener("load",function(){SomeJavaScriptCode});
```

例 页面加载完成后修改元素的内容，对比两段代码，如有错误找出错误原因
onload 代码段 1(onload1.html)

```
<!doctype html>
<html>
<head>
<meta charset="utf-8">
<title>onload 代码段 1</title>
    <script>
    document.getElementById('myid').innerHTML=" 新的内容 ";
    </script>
</head>
```

```
<body>
    <p id="myid"> 修改这里的内容 </p>
</body>
</html>
```

运行之后可以看出 onload 代码段 1 出现如下错误：

```
Uncaught TypeError: Cannot set properties of null (setting 'innerHTML')
```

onload 代码段 2(onload2.html)

```
<!doctype html>
<html>
<head>
<meta charset="utf-8">
<title>onload 代码段 2</title>
    <script>
        window.onload=function(){
            document.getElementById('myid').innerHTML=" 新的内容 ";
        }
    </script>
</head>


<body>
    <p id="myid"> 修改这里的内容 </p>
</body>
</html>
```

将代码段 2 与代码段 1 对比一下，为什么代码段 2 不出错了？

例 window.onload 与 window.addEventListener("load",...) 的区别

onload 代码段 3(onload3.html)

```
<!doctype html>
<html>
<head>
<meta charset="utf-8">
<title>onload 代码段 3</title>
    <script>
        window.onload=function(){
            var myp=document.getElementById('myid');
            myp.innerHTML=" 新的内容 ";
            console.log(myp.innerHTML);
        }
        window.onload=function(){
            var myp=document.getElementById('myid');
```

```
            myp.innerHTML=" 我也是新的内容 ";
            console.log(myp.innerHTML);
        }
    </script>
</head>


<body>
    <p id="myid"> 修改这里的内容 </p>
</body>
</html>
```

onload 代码段 4(onload4.html)

```
<!doctype html>
<html>
<head>
<meta charset="utf-8">
<title>onload 代码段 4</title>
    <script>
        window.addEventListener("load",function(){
            var myp=document.getElementById('myid');
            myp.innerHTML=" 新的内容 ";
            console.log(myp.innerHTML);
        });
        window.addEventListener("load",function(){
            var myp=document.getElementById('myid');
            myp.innerHTML=" 我也是新的内容 ";
            console.log(myp.innerHTML);
        });
    </script>
</head>


<body>
    <p id="myid"> 修改这里的内容 </p>
</body>
</html>
```

运行以上两段代码后发现，onload 代码段 3 在控制台输出了一行内容，onload 代码段 4 在控制台输出了两行内容，这说明了使用 window.onload 进行 load 事件的绑定时只能绑定一段事件处理程序，后面的绑定会替换前面的绑定；使用 addEventListener("load",...) 进行 load 事件的绑定时可以绑定多段事件处理程序，后面的绑定不会替换前面的绑定。

用法二： onload 用于图像加载完成时执行脚本代码。此种情况通常用于图片已经从服务器上下载完成后执行一些操作，比如绘制图片到画布中，若图片未加载完成就绘制图片则看不到图片内容，其实例在本章画布内容中有演示。

10. 变量的作用域和闭包函数

1) 全局变量和局部变量

JavaScript 变量可以是局部变量或全局变量。区分是哪种变量的方法是观察变量的作用范围，即变量的作用域。

例 变量的作用域 (zuoyongyu.html)

```
var a=1;
  function fun1(){
       var a=2;
       console.log(a);
  }
function fun2(){
       console.log(a);
  }
fun1();
fun2();
```

本例的输出结果如图 3-10 所示。

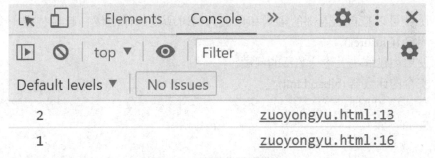

图 3-10 变量作用域演示

函数 fun1 中的变量 a 是局部变量，它的作用范围是从定义开始到所在函数结束。fun1 函数上方定义的变量 a 是全局变量，它的作用范围是当前页面上的所有脚本，全局变量属于 window 对象的成员，所以 fun2 中输出的就是全局变量 a 的值。但是如果局部变量和全局变量名称相同，则在局部变量作用域范围内不能访问同名的全局变量。本例中 fun1 中输出的 a 就是局部变量而不是全局变量的值。

2) 可访问性与安全性的矛盾

假如我们要设计一个计数器，希望在调用相应方法时对数值进行修改，不调用指定的方法则不能修改数值。

方案一：

```
var num=0;
function plus(){
```

```
        num++;
        console.log(num);
    }
    plus();
    plus();
```

此方案中两次调用 plus 方法分别输出 1 和 2，实现了调用 plus 方法对数值 num 加一的操作，但是不调用 plus 方法在当前页面中也可以通过代码修改 num 的值，因为 num 是全局变量，不符合要求。

方案二：

```
    function plus(){
        var num=0;
        num++;
        console.log(num);
    }
    plus();
    plus();
```

此方案中两次调用 plus 方法都是输出 1，实现了不调用 plus 方法不能修改数值 num 的要求，但是每次调用 plus 方法不能累加对 num 的修改，不符合要求。

这两个方案都不能实现需求，那么该如何实现呢？下面介绍的闭包能解决这个问题。

3) 闭包

一个函数可以把自己内部的语句和自己声明时所处的作用域一起封装成一个密闭环境，称为闭包 (Closures)。

下面使用闭包解决上述计数器的问题。

例 安全的计数器 (bibao.html)

```
    <!DOCTYPE html>
    <html>
      <head>
          <meta charset="utf-8">
          <title> 闭包 </title>
      </head>
      <body>
          <script type="text/javascript">
              var plus=function(){
                  var num=0;
                  return function(){
                        num++;
                        console.log(num);
                  }
              }();    // 这里一定要调用一下
```

```
                plus();

                plus();



            </script>

        </body>

    </html>
```

这种用闭包实现的计数器，第一次调用 plus 输出 1，第二次调用 plus 输出 2。可以看出，每次调用 plus 方法都能实现对 num 变量的值修改的累加或者说是状态保存，并且不调用 plus 方法则在当前页面任何位置不能实现对 num 值的修改。

闭包一般有两层函数，需要的是第一层函数的作用域和第二层函数的功能，缺一不可。

局部变量正常来说在函数调用结束时就会销毁，但是在闭包的情况下内层函数被赋值给了一个变量，当这个变量未销毁时，代表第一层函数中的函数一直驻留在内存中，也就是说，第一层函数一直驻留在内存中，它的局部变量将一直保存。

11. 三种对话框

JavaScript 的三种对话框——警示对话框、确认对话框和提示对话框，是通过调用 window 对象的三个方法 alert()、confirm() 和 prompt() 来获得的。利用这些对话框可以完成 JS 的输入和输出，实现能与用户进行交互的 JS 代码。

1) 警示对话框

调用 alert() 方法获得的对话框称为警示对话框。alert() 方法可以用来简单而明了地将 alert() 括号内的文本信息显示在对话框中。警示对话框包含一个"确认"按钮，用户阅读完所显示的信息后，只需单击该按钮就可以关闭对话框。下面来看一个使用 alert() 方法的例子，代码如下 (alert.html)：

```
    <html>

    <head>

    <title>alert 演示 </title>

    </head>

    <body>

    <script language="javascript">

    alert(" 学无止境 ");

    </script>

    </body>

    </html>
```

2) 确认对话框

调用 confirm() 方法获得的对话框称为确认对话框。confirm() 方法与 alert() 方法的使用十分类似。确认对话框除了包含一个"确认"按钮外，还有一个"取消"按钮。在调用 window 对象的 confirm() 方法以及后面介绍的 prompt() 方法时也可以不写 window。下面来看一个关于 confirm() 的小例子，代码如下 (confirm.html)：

```
<html>
<head>
<title>confirm 演示 </title>
</head>
<body>
<script language="javascript">
if(confirm(" 你学会了吗 ?")==true)
    alert(" 非常棒 ");
else
    alert(" 不能放弃 ");
</script>
</body>
</html>
```

3) 提示对话框

调用 prompt() 方法获得的对话框称为提示对话框。调用 alert() 方法和 confirm() 方法都只能显示已有的信息，用户不能输入自己的信息。但是调用 prompt() 方法可以做到这点，它不但可以显示信息，而且还提供了一个文本框要求用户使用键盘输入自己的信息。同时，该对话框包含"确认"和"取消"两个按钮。若用户单击"确认"按钮，则 prompt() 方法返回用户在文本框中输入的内容 (是字符串类型) 或者初始值 (如果用户没有输入信息)；若用户单击"取消"按钮，则 prompt() 方法返回 null。在这三种对话框中，提示对话框的交互性最好。

看下面一个小例子，在页面上两次弹出提示对话框，使用户能输入有关信息，代码如下 (prompt.html)：

```
<html>
<head>
<title>prompt 演示 </title>
</head>
<body>
<script language="javascript">
var name=prompt(" 你叫什么名字? ");
if(name=="null" || name.length<1)
    alert(" 要多交流哦 ");
else
    alert(" 你好 "+name);
</script>
</body>
</html>
```

12. Ajax

Ajax 即 Asynchronous JavaScript and XML 的缩写，中文即异步的 JavaScript 和 XML。Ajax 是一种用来改善用户体验的技术，其实质是使用 XMLHttpRequest 对象异步地向服务器发送请求；服务器返回部分数据，而不是一个完整的页面，以页面无刷新的效果更改页面中的局部内容。

基于所有现代浏览器均支持 XMLHttpRequest 对象 (IE5 和 IE6 使用 ActiveXObject，而使用低版本的 IE 的电脑已经退出历史舞台)，这里只介绍 XMLHttpRequest 对象。

XMLHttpRequest 用于在后台与服务器交换数据，这意味着可以在不重新加载整个网页的情况下，对网页的某部分进行更新。

在 JS 中使用 Ajax 的步骤如下。

第一步：创建 XMLHttpRequest 对象。

```
var xmlhttp=new XMLHttpRequest();
```

第二步：绑定 onreadystatechange 事件。

当请求被发送到服务器时，我们需要执行一些基于响应的任务。每当 readyState 改变时，就会触发 onreadystatechange 事件。readyState 属性存有 XMLHttpRequest 的状态信息。XMLHttpRequest 对象的重要属性见表 3-4。

表 3-4　XMLHttpRequest 对象的重要属性

属性	描　　述
onreadystatechange	定义了当 readyState 属性发生改变时所调用的函数
readyState	保存了 XMLHttpRequest 的状态 0：请求未初始化 1：服务器连接已建立 2：请求已接收 3：正在处理请求 4：请求已完成且响应已就绪
status	200: "OK" 403: "Forbidden" 404: "Page not found"
statusText	以文本形式返回的数据

最常用也是必须做的就是在 onreadystatechange 事件中处理接收返回数据。当 readyState 值为 4 并且 status 值为 200 时表示正确得到返回数据。

以下是处理返回数据的代码：

```
xmlhttp.onreadystatechange=function()
{
    if (xmlhttp.readyState==4 && xmlhttp.status==200)
    {
        // 这里写处理返回数据的代码，返回的数据通过 xmlhttp.responseText 或
        //responseXML 属性获取
    }
}
```

第三步： 发送请求。

如需将请求发送到服务器，可以使用 XMLHttpRequest 对象的 open() 和 send() 方法，用法如下：

```
xmlhttp.open(method,url,async);

xmlhttp.send();
```

XMLHttpRequest 对象的重要方法见表 3-5。

表 3-5　XMLHttpRequest 对象的重要方法

方法	描　　述
open(method,url,async)	规定请求的类型、URL 以及是否异步处理请求 method：请求的类型；GET 或 POST url：文件在服务器上的位置 async：true(异步) 或 false(同步)
send(string)	将请求发送到服务器 string：仅用于 post 请求

get 和 post 哪个发送数据更好？与 post 相比，get 更简单也更快，并且在大部分情况下都能用，但在以下情况应使用 post 请求：

● 不愿使用缓存文件 (更新服务器上的文件或数据库)。

● 向服务器发送大量数据 (post 没有数据量限制)。

● 发送包含未知字符的用户输入时，post 比 get 更稳定也更可靠。

本节与 Ajax 有关的实例需要使用服务器软件，且演示用的所有文件需要放到服务器软件指定的 Web 目录下。

例　使用 get 方式请示数据 (Ajax1.html)

```
<!DOCTYPE html>
<html>
<head>
<meta http-equiv="Content-Type" content="text/html; charset=utf-8" />
<title>ajax 演示 get 请求 </title>
<script type="text/javascript">
function loadXMLDoc()
{
  xmlhttp=new XMLHttpRequest();
  xmlhttp.onreadystatechange=function()
    {
        if (xmlhttp.readyState==4 && xmlhttp.status==200)
        {
        document.getElementById("myDiv").innerHTML=xmlhttp.responseText;
        }
        }
  xmlhttp.open("GET","ajax1.txt",true);
```

```
    xmlhttp.send();
}
</script>


</head>


<body>
<div>
<h2> 实例 </h2>


<div id="myDiv"><h3> 使用 ajax 改变这里的内容 </h3></div>
<button type="button" onclick="loadXMLDoc()"> 通过 AJAX 改变内容 </button>


</div>


</body>
</html>
```

下面一句文字为 Ajax1.txt 文件的内容

下面的章节会为您讲解 AJAX 的工作原理。

此实例可以演示使用 Ajax 以 get 方式请求服务器端以获取数据，请求的地址可以是任何服务器支持的文件类型；但是当服务器端文件的内容更新后，在浏览器上刷新不一定能得到更新后的数据，这是因为浏览器具有缓存功能，当浏览器请求缓存的网址时浏览器是从缓存中读取数据的，而不是从服务器上读取。如何解决这个问题呢？也就是说如何获取新的数据呢？根据浏览器的缓存原理，只需要设置请求的网址不一样即可，这里说的请求的网址并不是说真的改变访问的目标文件，看下面改善后的语句：

```
    xmlhttp.open("GET","ajax1.txt?r=" + Math.random(),true);
```

可以看出，经过改进的网址访问的文件并没有变化，但是请求的字符串由于加了随机数每次请求时都是变化的，所以每次请求的目标地址浏览器认为都是没有缓存过的，所以就会从服务器端获取新的数据。

同时上面的改进也演示了以 get 方式向服务器端发送数据的用法，即文件名后加问号，问号后面加"键＝值"的形式，每两个数据之间加"&"符号。服务器端能接收数据的文件必须是动态脚本文件，而 txt 文件是不可以接收的。

若使用 post 方式请求，则需要注意有以下两点与 get 方式不同：

● 需要在 send 之前设置请求文件头。

● 发送数据的位置由 open 方法变更到了 send 方法。

例 以 post 方式请求 (Ajax2.html)

```
<!DOCTYPE html>
<html>
<head>
```

```
<meta http-equiv="Content-Type" content="text/html; charset=utf-8" />
<title>ajax 演示 post 请求 </title>
<script type="text/javascript">
function loadXMLDoc()
{
    xmlhttp=new XMLHttpRequest();
    xmlhttp.onreadystatechange=function()
        {
                if (xmlhttp.readyState==4 && xmlhttp.status==200)
                {
                        document.getElementById("myDiv").innerHTML=xmlhttp.responseText;
                }
        }
    xmlhttp.open("POST","Ajax2.php",true);
    xmlhttp.setRequestHeader("Content-type","application/x-www-form-urlencoded");
    xmlhttp.send("name=xxw&age=40");
}
</script>

</head>

<body>
<div>
<h2> 实例 </h2>

<div id="myDiv"><h3> 使用 ajax 改变这里的内容 </h3></div>
<button type="button" onclick="loadXMLDoc()"> 通过 AJAX 改变内容 </button>

</div>
</body>
</html>
```

Ajax2.php

```
<?php
$name=$_POST['name'];
echo 'hello '.$name;
?>
```

13. 声音的播放

HTML5 提供了播放音频文件的标准，即使用 audio 标签实现，但是这不在本书的讨论范围内，本书使用 JavaScript 播放音频 (无界面)。下面是示例代码：

```
var mp3 = new Audio('xxx.mp3');     // 创建音频对象

mp3.play();                         // 播放
```

其中：xxx.mp3 是音频文件的路径，一般使用相对路径；play 方法用于使音频开始播放。

另外，还有暂停、停止、重新加载的控制方法，代码如下：

```
mp3.pause();    // 暂停

mp3.stop();     // 停止

mp3.load();     // 重载 ( 重新开始 )
```

例　Audio 对象 (audio3.html)

```
<!doctype html>

<html>

<head>

<meta charset="utf-8">

    <meta http-equiv="Content-Security-Policy" content="upgrade-insecure-requests">

<title>Audio 对象 </title>

</head>


<body>

    <script>

    var mp3=new Audio('https: //.../00EB2.mp3');

    mp3.play();

    </script>

</body>

</html>
```

此段代码会报错：

```
Uncaught (in promise) DOMException: play() failed because the user didn't interact with the
document first.
```

意思是说：文档未先与用户发生交互，play 调用失败。也就是说不能直接调用这个方法，这是浏览器的机制限制了 play 方法自动调用。解决方法是在某个与用户交互的事件中调用。

改进后的代码 (audio4.html)：

```
<!doctype html>

<html>

<head>

<meta charset="utf-8">

    <meta http-equiv="Content-Security-Policy" content="upgrade-insecure-requests">

<title>Audio 对象 </title>

</head>
```

```
<body>
    <button>Play</button>
    <script>
    var mp3=new Audio('https://.../EB2.mp3');
    document.querySelector('button').onclick=function(){
        mp3.play();
}
    </script>
</body>
</html>
```

14. 函数参数的值传递和引用传递

一般来说，函数调用时是把函数外部的值复制给函数内部的参数，就和把值从一个变量复制到另一个变量一样。深入研究会发现，传参要分两种情况：值传参和引用传参。

值传参针对基本类型，引用传参针对引用类型，传参可以理解为复制变量值。基本类型复制后两个变量完全独立，之后任何一方改变都不会影响另一方；引用类型复制的是引用（即指针），之后的任何一方改变都会映射到另一方。

我们可以把 ECMAScript 函数的参数想象成局部变量。在向参数传递基本类型的值时，被传递的值被复制给一个局部变量（即参数）。在向参数传递引用类型时，会把这个值在内存中的地址（指针）复制给一个局部变量，因此这个局部变量的变化会反映在函数的外部。

例 值传参 (paramVal.html)

```
function add(num)
{
    num+=5;
    return num;
}
var sum=10;
var result= add(sum);
console.log(sum);
console.log(result);
```

此案例的输出结果是 10 和 15，证明了在经过调用 add 方法后 sum 变量的值没有被改变，函数内的局部变量 num 的值改变了，这就是值传参的效果，传递后两个变量各不相干。

例 引用传参 (paramRef.html)

```
function chgName(obj){
    obj.name="hello";
}
var person = new Object();
person.name="xxw";
```

```
        chgName(person);
        console.log(person.name);
```

　　此案例的输出结果是：hello。当创建对象 person 时，实际上是在内存中分配了一个表示对象的内存区域，person 只是指向了这个内存地址的一个变量；当调用函数 chgName 时，obj 复制了 person 的内存指向，也指向了同一个地址；两个变量指向同一个地址，改变任何一个变量的 name 属性都是改变另一个变量的 name 属性。

二　案例实现

1. 背景场景的设计思路

　　背景场景是本游戏中所有界面的背景环境，游戏的主题是在海底中通过按键（每个鱼身上会有一个键盘字母）击杀游鱼来获得游戏积分。总体上分为三个场景：欢迎界面、游戏界面、排行榜界面。所有界面中都以同一幅海底图片作为背景，并且这个背景中会不时冒出气泡以烘托氛围。

2. 背景场景的设计实现

　　构建游戏引擎类 GameEngine，该类是游戏封装了所有功能，也是游戏的入口。GameEngine 类的属性包括画布背景图片 bgImgPath、画布宽 bgWidth、画布高 bgHeight、画布气泡数据 arr_of_qipao、游戏界面标识 state，还有入口方法 init、更新气泡数据的方法 generateQiPao、主渲染方法 draw。

　　其中，bgImgPath 指定主背景图片的路径；画布宽高指定画布尺寸；arr_of_qipao 包含了所有的气泡数据。气泡类 QiPao 的说明见后文。气泡的产生和消亡在 GameEngine 类的 generateQiPao 方法中，气泡的绘制和属性更新调用在 GameEngine 类的 draw 方法中。游戏界面标识 state 为 0 时表示欢迎界面，为 1 时表示游戏界面，为 2 时表示排行榜界面。

　　GameEngine 的构造函数初始化基本数据。

　　GameEngine 的 init 方法根据传递过来的选择器（参数）选中画布，然后初始化画布尺寸，并加载背景图片和气泡图片；当气泡图片加载完后启动气泡生成线程和主渲染线程，并开始监听画布的鼠标事件和键盘事件。

　　GameEngine 的 generateQiPao 方法会在随机的一个 500 ～ 1500 毫秒间隔后生成一个气泡，考虑到性能和视觉效果最多 5 个气泡，并把运动到边界之外的气泡删除，气泡仅在垂直方向向上运动，所以判断是否超出边界只需要判断气泡的 y 坐标即可。

　　GameEngine 的 draw 方法是游戏引擎的主渲染方法，该方法中按照指定的时间间隔启动一个线程进行画布渲染，先是进行背景绘制，再是绘制气泡，最后绘制游戏状态对应的界面。

　　QiPao 类表示气泡的构造函数，每个气泡具有坐标（x 和 y）、大小和速度；这三个数据在实例化对象时都是随机生成的；坐标随机在可见范围内生成；大小在 10 ～ 30 像素范围内随机生成；速度在 5 ～ 50 范围内随机生成，这个速度是指在每个渲染周期内向上移动的距离；update 方法每调用一次气泡向上移动一次；draw 方法用画布的画笔和设定的气泡图片绘制在指定的位置表示一个气泡。

实现代码：

```
class GameEngine {
    constructor() {
        this.bgImgPath = "./images/bg.jpg";
        this.bgWidth = 1100;
        this.bgHeight = 600;
        this.arr_of_qipao = new Array();        // 气泡数组
        this.state = 0;                          //0：开始界面，1：游戏中，2：排行榜

    init(elem)
    {
        // 获取画布
        this.canvas = document.querySelector(elem);
        if (this.canvas == null) return;
        // 初始化画布
        this.canvas.style.border = "1px solid #000";
        this.canvas.width = this.bgWidth;
        this.canvas.height = this.bgHeight;
        // 获取画笔
        this.context = this.canvas.getContext('2d');
        // 加载背景图
        this.bgImg = new Image();
        this.bgImg.src = this.bgImgPath;

        // 加载气泡图
        this.qipaoImg = new Image();
        this.qipaoImg.src = './images/qipao2.png';
        this.qipaoImg.onload = (function (game) {
            return function(){
                game.generateQiPao();
                game.draw();
            };
        })(this);
    this.canvas.addEventListener('mousemove',this.mousemove);
        this.canvas.addEventListener('mousedown', this.mousedown);
        document.addEventListener('keypress', this.keypress);     }
    mousemove(e){
    // 处理鼠标移动事件
```

```
        }
    mousedown (e){
        // 处理鼠标点击事件
    }
    keypress(e) {
        // 处理键盘事件
    }
    generateQiPao() {
        var game = this;
        var nextQiPao = Math.randomNumber(500, 1500);
        var newQiPao=function(){
            if (game.arr_of_qipao.length < 5)          // 生成新气泡
            {
                game.arr_of_qipao.push(new QiPao(game.bgWidth, game.bgHeight));
            }
            // 删除超出边界的气泡
            let i = 0;
            while (i < game.arr_of_qipao.length) {
                if (game.arr_of_qipao[i].y < 0) {
                    game.arr_of_qipao.splice(i, 1);      // 删除
                }
                else
                    i++;
            }
            nextQiPao = Math.randomNumber(500, 1500);
            setTimeout(newQiPao, nextQiPao);
        };
        setTimeout(newQiPao, nextQiPao);
    }
    draw() {
        // 主绘制线程
        var game = this;
        var updateGame = function () {
            // 绘制背景图
            game.context.drawImage(game.bgImg, 0, 0, game.bgImg.width, game.bgImg.height, 0,
0, game.canvas.width, game.canvas.height);          // 平铺
            // 绘制气泡
            for(let qp of game.arr_of_qipao)
            {
```

```
                qp.draw(game.context, game.qipaoImg);
                qp.update();
            }
            // 绘制各界面


        };
        setInterval(updateGame, game.updateInterval);
    }
}


function QiPao(maxX,maxY) {
    // 气泡对象的构造函数
    this.x = Math.randomNumber(0, maxX);              // 随机坐标
    this.y = Math.randomNumber(0, maxY);
    this.size = Math.randomNumber(10, 30);
    this.speed = Math.randomNumber(5, 50);           // 速度
    this.update = function () {
        this.y = this.y - this.speed;
    }
    this.draw=function(context,qipaoImg)
    {
        context.drawImage(qipaoImg, 0, 0, qipaoImg.width, qipaoImg.height, this.x, this.y, this.size, this.size);
    }
}
// Math 不能实例化，所以不能使用 prototype 扩展
Math.randomNumber=function(min, max)
{
    // 生成随机数字
    let r = Math.random() * (max - min);
    return Math.round(min + r);
}
```

在 HTML 文件中设置 canvas 标签，并在嵌入式 JS 代码中创建 GameEngine 对象，并调用它的 init 方法，init 方法传递的是画布的选择器。

```
    <canvas id="game">
    您的浏览器不支持画布
    </canvas>
    <script>
        var game = new GameEngine();
```

```
            game.init('#game');
    </script>
```

完成后的效果图如图 3-11 所示。

图 3-11   初始化画布并显示背景的效果图

3. 欢迎界面的设计思路

在欢迎界面大约水平居中的位置从上往下依次显示游戏名称、"开始游戏"按钮、"排行榜"按钮和作者信息。

当鼠标移动到"开始游戏"按钮和"排行榜"按钮上时，鼠标显示成小手的形状，效果如图 3-12 所示。

图 3-12   欢迎界面显示信息后的效果图

4. 欢迎界面的设计实现

在 GameEngine 类的构造函数中增加对象 startFace 表示欢迎界面，它包含 title、start、phb 和 author 四个子对象，分别表示游戏名称、开始游戏按钮、排行榜按钮和作者；这些对象具有 name 属性表示要显示的字符串；x 和 y 属性表示显示位置的坐标；fontsize 属性表示显示的字体和大小；cursor 属性表示显示的鼠标形状。

```
this.startFace = {
        title:{
            name: " 捕鱼键盘猎手 ",x: 360,y: 150,
            fontsize: "60px 宋体 "
        },
        start:{
            name: " 开始游戏 ",x: 460,y: 250,
            fontsize: "40px 宋体 ",cursor:"pointer"},
        phb:{
            name: " 排行榜 ",x: 480,y: 350,
            fontsize: "40px 宋体 ",cursor:"pointer"},
        author:{
            name: " 薛现伟 ",x: 490,y: 560,
            fontsize: "30px 宋体 "}
    };
```

在 GameEngine 类的主渲染方法 draw 中，绘制气泡代码的后面添加如下代码进行各个界面的绘制，game.state 是 0 的时候表示欢迎界面。以下代码中的 for in 循环遍历 startFace 子对象进行字符串的绘制。

```
// 绘制各界面
switch(game.state)
{
    case 0:
        for(let key in game.startFace)
        {
            var item =game.startFace[key];
                game.context.font = item.fontsize;
            game.context.fillStyle = "#f00";
                game.context.fillText(item.name, item.x, item.y);
        }
        break;
}
```

在鼠标移动事件的监听函数 mousemove 中实时监测鼠标位置，当鼠标位置位于"开始游戏"按钮和"排行榜"按钮文字上方时让画布显示小手的形状，鼠标在其他位置时显示默认的指针形状。

```
mousemove(e){
//处理鼠标移动事件；
    switch(game.state)
    {
        case 0:   // 欢迎界面遍历显示小手的区域
            for(let key in game.startFace)
            {
                var item =game.startFace[key];
                if('cursor' in item)
                {
                    let fontsize= parseInt(item.fontsize);
                    let rect ={x:item.x + e.target.offsetLeft,
                              y:item.y + e.target.offsetTop,
                              w:item.name.length*fontsize,
                              h:fontsize};
                    if(e.x>rect.x && e.x<rect.x+rect.w && e.y<rect.y && e.y > rect.y-rect.h)
                    {
                        this.style.cursor=item.cursor;
                        break;     // 不加这句则有的地方不正确显示小手
                    }
                    else
                    {
                        this.style.cursor='default';
                    }
                }
            }
            break;
    }
}
```

5. 游戏界面的设计思路

在界面的左上角显示得分，初始分数为 0，游戏开始后会不停有鱼从左侧边界出现并游向右侧，每条鱼都携带一个字母，当在键盘上按下按键时，最前面的携带相同字母的鱼被消灭，鱼被消灭时会发出惨叫，每消灭一条鱼得分加 1；右上角显示生命值，初始值为 5，每当有一条鱼未被消灭并从右侧边界消失生命值减 1，当生命值为 0 时游戏结束并在屏幕上显示 GameOver 字样；游戏被动结束或主动结束时会通过 Ajax 技术把当前分值上传到服务器并记录历史上最高的 5 次得分。

游戏中的效果图如图 3-13 所示。

图 3-13　游戏中的效果图

游戏结束时的效果图如图 3-14 所示。

图 3-14　游戏结束时的效果图

6. 游戏界面的设计实现

在 GameEngine 的构造函数中添加游戏界面的对象 gameFace，它包含得分对象 score、生命值对象 life、正在游动的鱼的数组 fishes、已经出现的鱼的总数 fishNum、鱼发出声音的声音对象 fishSound。

```
this.gameFace = {
    score: {
        x:10,y:10,tip:" 得分：",value:0,
```

```
                    w:100,h:50
            },
            life:{
                    x:-110,y:10,tip:" 生命： ",value:5,
                    w:100,h:50
            },
        returnHome:{
            name:" 返回主页 ",x: 460,y: 450,
            fontsize: "bold 40px 宋体 ",cursor:"pointer"},
        fishes: [ ],      // 正在游动的鱼
        fishNum: 0,      // 已经出现的鱼的总数
        fishSound:new Audio('./mp3/ya.mp3')
    }
```

在 GameEngine 的初始化 init 方法中加载鱼的图片，并绑定按键处理函数 keypress，在这个处理函数中处理击杀鱼的功能。

```
    this.fishImg = new Image();
    this.fishImg.src = './images/fish.gif';


    document.gameObj = this;              // 可以在 keypress 中访问
    document.addEventListener('keypress', this.keypress);
```

创建鱼类的构造函数 Fish，每条鱼都是从左边界出现向右边界移动，所以鱼的 x 属性初始值为 0，并在游戏过程中不断调整 x 的值使它移动，当 x 的值超出右边界时鱼应该销毁并且生命值减 1；鱼在左边界指定的垂直范围 (minY 和 maxY 之间) 内出现，不能让鱼在得分板下方或者超出上下边界的地方出现；鱼具有恒定速度 speed；每条鱼携带一个字母 char；update 方法用于更新鱼的水平位置；draw 方法用于绘制鱼和携带的字母。

```
    function Fish(minY, maxY,speed,c) {
        // 鱼对象的构造函数
        this.x = 0;           // 随机坐标
        this.y = Math.randomNumber(minY, maxY);
        this.size = Math.randomNumber(50, 100);
        this.speed = speed; // 速度
        this.char = c;         // 字符
        this.update = function () {
            this.x = this.x + this.speed;
        }
        this.draw = function (context, fishImg) {
            context.drawImage(fishImg, 0, 0, fishImg.width, fishImg.height, this.x, this.y, this.size, this.size);
            context.font = "bold 28px 宋体 ";
```

```
            context.fillStyle = "#0ff";
            context.fillText(this.char, this.x +this.size/2, this.y+ this.size- (this.size-28)/2);
        }
    }
```

在 GameEngine 的 mousemove 事件处理函数中，当处于游戏结束状态时，鼠标在界面上移动时处于"返回主页"按钮位置时显示小手的形状。

```
mousemove(e){
    //处理鼠标移动事件
    switch(game.state)
    {
        case 0:    //欢迎界面遍历显示小手的区域
            ...
        case 1:
            var item =game.gameFace.returnHome;
            varfontsize= parseInt(item.fontsize);
            var rect ={x:item.x + e.target.offsetLeft,
                    y:item.y + e.target.offsetTop,
                    w:item.name.length*fontsize,
                    h:fontsize};
            if(e.x>rect.x && e.x<rect.x+rect.w && e.y<rect.y && e.y > rect.y-rect.h)
            {
                this.style.cursor=item.cursor;
                break;        //不加这句则有的地方不正确显示小手
            }
            else
            {
                this.style.cursor='default';
            }
            break;
    }
}
```

在 GameEngine 的 mousedown 事件处理函数中判断是否点击了"开始游戏"按钮，如果点击了此按钮则把游戏界面状态调整为 1，并启动生成游鱼的线程，即调用方法 generateFish。

同时，在 mousedown 事件中处理游戏提示 game over 时，点击"返回主页"按钮会调整游戏状态使返回到主页显示。

```
mousedown(e) {
    //处理鼠标点击事件
    switch (game.state) {
```

```
            case 0:     // 欢迎界面遍历显示小手的区域，只有这样的区域可以被点击
                for (let key in game.startFace) {
                    var item = game.startFace[key];
                    if ('cursor' in item) {
                        let fontsize = parseInt(item.fontsize);
                        let rect = {
                            x: item.x + e.target.offsetLeft,
                            y: item.y + e.target.offsetTop,
                            w: item.name.length * fontsize,
                            h: fontsize
                        };
                        if (e.x > rect.x && e.x < rect.x + rect.w && e.y < rect.y && e.y > rect.y - rect.h) {
                            if (key == "start") {
                                // 点击开始游戏按钮时，设置游戏状态并启动生成鱼的线程
                                game.state = 1;
                                game.uploadScore=false;      // 表示得分未上传
                                game.generateFish();          // 启动生成鱼的线程
                                game.gameFace.score.value=0;
                                game.gameFace.life.value=5;
                                break;
                            }
                            else if (key == "phb")
                            {
                                game.state = 2;
                                break;
                            }
                        }
                    }
                }
                break;
            case 1:
                var item =game.gameFace.returnHome;
                var fontsize= parseInt(item.fontsize);
                var rect ={x:item.x + e.target.offsetLeft,
                            y:item.y + e.target.offsetTop,
                            w:item.name.length*fontsize,
                            h:fontsize};
                if(e.x>rect.x && e.x<rect.x+rect.w && e.y<rect.y && e.y > rect.y-rect.h)
                {
                    game.state = 0;      // 返回主页
```

```
                break;          // 不加这句则有的地方不正确显示小手
            }
            break;
        }
    }
```

GameEngine 的 generateFish 用于在进入游戏界面时初始化一些数据并启动生成游鱼的线程。进入游戏状态时应该先初始化表示游鱼的数组 fishes 为空数组，已经生成的游鱼数量 fishNum 应为 0，生命值 life.value 重置为 5，第一条鱼的速度为 15，往后每一条鱼的速度比上一条鱼的速度增加 2 个百分点，所以游鱼的速度的计算公式为

$$第 N 条鱼的速度 = 15 \times (1 + 0.02 \times 已经生成的鱼的数目)$$

其中：$N \geqslant 1$；已经生成的鱼的数目 $\geqslant 0$，并且不包括即将生成的鱼。这样保证了游鱼速度在递增，也就是在增加游戏的难度。

初始化按键数组 chars，每条鱼携带的字母都将是随机从这个数组中选择的；使用 setTimeout 启动线程，在每随机的 0.5 秒至 1 秒之间的间隔后生成一条新的鱼，这条鱼的初始位置随机确定在得分面板下方到游戏底界面上方的范围内；当生命值已经小于 1 时不再生成新鱼，也就是要结束线程。

```javascript
generateFish() {
    // 开启游戏，生成鱼对象
    var game = this;
    game.gameFace.fishes = [ ];
    game.gameFace.fishNum = 0;
    game.gameFace.life.value = 5;
    var startSpeed = 15;    // 第一条鱼的速度
    var nextFish = Math.randomNumber(500, 1000);
    var chars = ['A', 'B', 'C', 'D', 'E', 'F', 'G', 'H', 'I', 'J', 'K', 'L', 'M', 'N', 'O', 'P', 'Q', 'R', 'S', 'T', 'U', 'V', 'W', 'X', 'Y', 'Z'];
    var newFish = function () {
        // 生成新鱼
        let c = chars[Math.randomNumber(0, chars.length - 1)];
        game.gameFace.fishes.push(new Fish(game.gameFace.score.h+100, game.bgHeight-100,startSpeed*(1+0.02*game.gameFace.fishNum),c));
        game.gameFace.fishNum++;

        if (game.gameFace.life.value < 1)    // 游戏结束
        {
            return;
        }
        nextFish = Math.randomNumber(500, 1000);
        setTimeout(newFish, nextFish);
```

```
        };
        setTimeout(newFish, nextFish);
    }


    keypress(e) {
        //处理键盘事件
        if(game.state==1 && this.gameObj.gameFace.life.value>0)
        {
            //击杀鱼检测
            for (let onefish in this.gameObj.gameFace.fishes) {
                if (this.gameObj.gameFace.fishes[onefish].char == e.key.toUpperCase())
                {
                    this.gameObj.gameFace.fishes.splice(onefish, 1);        // 删除
                    this.gameObj.gameFace.score.value++;
                    this.gameObj.gameFace.fishSound.play();
                    break;
                }
            }
        }
    }
```

在渲染线程中每次刷新都重绘得分板、生命值面板、所有的鱼并判断游戏是否结束，如果已经结束，则显示游戏结束提示，同时把得分上传到服务器。

```
    draw() {
        ...
        //绘制各界面
        switch(game.state)
        {
            case 0:
                ...
                break;
            case 1:    //在游戏界面时的绘制
                //绘制得分面板
                game.context.fillStyle = "#fce5c6";
                 game.context.fillRect(game.gameFace.score.x, game.gameFace.score.y, game.
gameFace.score.w, game.gameFace.score.h);
                game.context.lineWidth = 3;
                game.context.strokeStyle = "#649e37";
                game.context.strokeRect(game.gameFace.score.x, game.gameFace.score.y, game.
gameFace.score.w, game.gameFace.score.h);
```

```
            game.context.font = "bold 14px 宋体 ";
            game.context.fillStyle = "#000";
            let tmpTextY = (game.gameFace.score.y + game.gameFace.score.h) - (game.
gameFace.score.h - 14) / 2;        // 文字左下角垂直坐标
            game.context.fillText(game.gameFace.score.tip, game.gameFace.score.x + 5, tmpTextY);
            game.context.fillStyle = "#854a2c";
            game.context.fillText(game.gameFace.score.value, game.gameFace.score.x + 5 +
game.gameFace.score.tip.length * 14, tmpTextY);
            // 绘制生命面板
            let liftX = game.bgWidth + game.gameFace.life.x;
            game.context.fillStyle = "#fce5c6";
            game.context.fillRect(liftX, game.gameFace.life.y, game.gameFace.life.w, game.
gameFace.life.h);
            game.context.lineWidth = 3;
            game.context.strokeStyle = "#649e37";
            game.context.strokeRect(liftX, game.gameFace.life.y, game.gameFace.life.w, game.
gameFace.life.h);
            game.context.font = "bold 14px 宋体 ";
            game.context.fillStyle = "#000";
            game.context.fillText(game.gameFace.life.tip, liftX + 5, tmpTextY);
            game.context.fillStyle = "#854a2c";
            game.context.fillText(game.gameFace.life.value, liftX + 5 + game.gameFace.life.
tip.length * 14, tmpTextY);


            // 删除超出边界的鱼
            let i = 0;
            while (i < game.gameFace.fishes.length) {
                if (game.gameFace.fishes[i].x > game.bgWidth) {
                    game.gameFace.fishes.splice(i, 1);        // 删除
                    game.gameFace.life.value--;
                }
                else
                    i++;
            }
            // 绘制鱼
            for(let onefish of game.gameFace.fishes) {
                onefish.draw(game.context, game.fishImg);
```

```
                    if (game.gameFace.life.value >0)   // 游戏未结束
                    {
                            onefish.update();
                    }
                }
                if (game.gameFace.life.value < 1)        // 游戏结束
                {
                        game.context.font = "bold 128px 宋体 ";
                        game.context.fillStyle = "#d8090f";
                        let s = "Game Over!";
                        let sx = (game.bgWidth - s.length * 64) / 2;
                        let sy = game.bgHeight - (game.bgHeight - 128) / 2;
                        game.context.fillText(s, sx, sy);
                if(game.uploadScore==false)
                {
                        // 上传本次得分，uploadScore 方法在 ajax.js 中
                        uploadScore(game.gameFace.score.value);
                        game.uploadScore=true;
                }
                // 绘制返回主页
                        game.context.font = game.gameFace.returnHome.fontsize;
                        game.context.fillStyle = "#d8090f";
                        s = game.gameFace.returnHome.name;
                        sx = game.gameFace.returnHome.x;
                        sy = game.gameFace.returnHome.y;
                        game.context.fillText(s, sx, sy);
                        return;
                }
                break;
            }
        };
        setInterval(updateGame, game.updateInterval);
    }
```

　　ajax.js 文件的部分实现，本文件实现了前端通过 Ajax 和后台进行通信的功能，比如上传分数和下载历史得分，本文件要在 HTML 文件中引入。

　　在 HTML 文件中引入 ajax.js 的代码如下：

```
    <head>
        <meta charset="utf-8" />
        <title>捕鱼键盘猎手 </title>
```

```
                <script src="js/ajax.js"></script>
                <script src="js/gameengine.js"></script>
                <style>
                        canvas{margin:0 auto;display:block;}
                </style>
</head>
```

ajax.js 中部分实现：

```
function loadXMLDoc()
{
        if (window.XMLHttpRequest)
                {    // code for IE7+, Firefox, Chrome, Opera, Safari
                        xmlhttp=new XMLHttpRequest();
                }
        else
                {    // code for IE6, IE5
                        xmlhttp=new ActiveXObject("Microsoft.XMLHTTP");
                }
        return xmlhttp;
}

function uploadScore(score){    // 上传得分
    ajaxObj= loadXMLDoc();

    ajaxObj.onreadystatechange=function()
        {
                if (ajaxObj.readyState==4 && ajaxObj.status==200)
                {
                console.log('success');
                }
        }
    xmlhttp.open("POST","uploadscore.php",true);
    xmlhttp.send("s="+score);
}
```

本项目后台动态文件采用 PHP 实现，有能力的读者可采用其他语言改写，后台接收上传分数的文件为 uploadscore.php 文件，历史分数记录在同目录的 score.txt 文件中，在 uploadscore.php 文件中每当接收到上传的分数时，先判断是否有 score.txt 文件，如果没有则创建该文件并把本次分数写入到第一行中；如果已经存在 score.txt 文件，则读取该文件，该文件中的每一行表示一个分数，判断已经存在的分数是否足够 5 个，如果不够 5 个，则直接把当前分数写到最后一行；如果已经足够 5 个分数，则判断历史的 5 个分数是否有小于当前分数的，如果有则删除 5 个分数中最小的一个，把当前分数加入后重新写入 score.txt 文件中。代码如下：

```php
<?php
if(!isset($_POST['s']))
{
   echo file_exists("score.txt");
   die();
}
$score=$_POST['s'];
if(file_exists("score.txt"))
{
   $file = fopen("score.txt","r");
   $historyScore=array();
   // 读取所有历史分数
   while(!feof($file)) {
      $historyScore[]= intval(fgets($file)) ;
}
fclose($file);
var_dump($historyScore);
$historyScore[]=$score;
rsort($historyScore);        // 以降序对数组排序
var_dump($historyScore);
$file = fopen("score.txt","w");
// 最多写入前 5 个分数
for($i=0;$i<5 && $i<count($historyScore);$i++)
{
      fwrite($file,$historyScore[$i].PHP_EOL);
}
fclose($file);
}
else
{
   // 创建文件，并记录第一个分数
   $file = fopen("score.txt","w");
   fwrite($file,$score);
   fclose($file);
}
?>
```

7. 排行榜界面的设计思路

当点击主页的"排行榜"按钮时，弹出一个半透明的层，在该层上列出了历史中最高的 5 次得分，效果如图 3-15 所示。

图 3-15 排行榜效果图

8. 排行榜界面的设计实现

在 GameEngine 的构造函数中添加排行榜界面的对象 phbFace，其中 width、height 表示排行榜显示区域的尺寸；bgcolor 表示排行榜区域显示为白色半透明的样子；当进入排行榜界面时，scorelist 数组通过 Ajax 获取历史最高分；returnHome 是描述返回主页按钮的。代码如下：

```
this.phbFace={
        width:800,height:400,
        bgcolor:"rgba(255,255,255,0.5)",
        title:" 历史最高分 ",
        scorelist:[ ],          // 得分列表
        returnHome:{
                name:" 返回主页 ",x: 460,y: 450,
                fontsize: "40px bold 宋体 ",cursor:"pointer"
        },
    }
```

在 mousemove 事件中需要处理鼠标在"返回首页"按钮上时的指针形状，代码如下：

```
mousemove(e){
        // 处理鼠标移动事件
        switch(game.state)
```

```
        {
            case 0:     // 欢迎界面遍历显示小手的区域
                ...
                break;
            case 1:
                ...
            case 2:     // 排行榜界面
                var item =game.phbFace.returnHome;
                var fontsize= parseInt(item.fontsize);
                var rect ={x:item.x + e.target.offsetLeft,
                           y:item.y + e.target.offsetTop,
                           w:item.name.length*fontsize,
                           h:fontsize};
                if(e.x>rect.x && e.x<rect.x+rect.w && e.y<rect.y && e.y > rect.y-rect.h)
                {
                    this.style.cursor=item.cursor;
                    break;          // 不加这句则有的地方不正确显示小手
                }
                else
                {
                    this.style.cursor='default';
                }
                break;
        }
    }
```

　　在 mousedown 事件中需要处理点击"返回首页"按钮事件，同时在主页中点击"排行榜"按钮进入排行榜界面时获取历史最高分也在这里实现，这部分代码在下面的代码中加粗显示。

```
mousedown(e) {
    //处理鼠标点击事件；
    switch (game.state) {
        case 0:     // 欢迎界面遍历显示小手的区域，只有这样的区域可以被点击
            for (let key in game.startFace) {
                var item = game.startFace[key];
                if ('cursor' in item) {
                    let fontsize = parseInt(item.fontsize);
                    let rect = {
                        x: item.x + e.target.offsetLeft,
                        y: item.y + e.target.offsetTop,
```

```
                                        w: item.name.length * fontsize,
                                        h: fontsize
                                };
                                if (e.x > rect.x && e.x < rect.x + rect.w && e.y < rect.y && e.y > rect.y - rect.h) {
                                        if (key == "start") {
                                                // 点击开始游戏按钮时，设置游戏状态并启动生成鱼的线程
                                                game.state = 1;
                                                game.uploadScore=false;        // 表示得分未上传
                                                game.generateFish();           // 启动生成鱼的线程
                                                game.gameFace.score.value=0;
                                                game.gameFace.life.value=5;
                                                break;
                                        }
                                        else if (key == "phb")
                                        {
                                        // 通过 ajax 获取分数列表
                                        getScore(game.phbFace);
                                                game.state = 2;
                                                break;
                                        }
                                }
                        }              case 1:
                ...
                break;
        case 2:      // 排行榜界面
                var item =game.phbFace.returnHome;
                var fontsize= parseInt(item.fontsize);
                var rect ={x:item.x + e.target.offsetLeft,
                                y:item.y + e.target.offsetTop,
                                w:item.name.length*fontsize,
                                h:fontsize};
                if(e.x>rect.x && e.x<rect.x+rect.w && e.y<rect.y && e.y > rect.y-rect.h)
                {   game.state = 0;        // 返回主页
                        break;     // 不加这句则有的地方不正确显示小手
                }
                break;
        }
}
```

在主渲染函数 draw 中实时更新排行榜界面的显示，与排行榜有关的代码如下：

```
// 绘制各界面
switch(game.state)
{
    case 0:
        ...
    case 1:    // 在游戏界面时的绘制
        ...
    case 2:
// 白色半透明背景
    game.context.fillStyle = game.phbFace.bgcolor;
    let phbx=(game.bgWidth - game.phbFace.width)/2;
    let phby=(game.bgHeight - game.phbFace.height)/2;
    game.context.fillRect(phbx, phby, game.phbFace.width, game.phbFace.height);
// 标题
    game.context.font = "bold 36px 宋体 ";
    game.context.fillStyle = "#f00";
    let tmpTextx = phbx +game.phbFace.width/2 - game.phbFace.title.length * 36 /2;
// 文字左下角垂直坐标
    ame.context.fillText(game.phbFace.title, tmpTextx, phby+80);
// 显示历史得分
    game.context.font = "bold 24px 宋体 ";
    let scx= 300;
    for(let k=0;k<game.phbFace.scorelist.length;k++)
    {
    game.context.fillText(k+1, phbx+scx, phby+120+ k*30);
    game.context.fillText(game.phbFace.scorelist[k]+" 分 ", phbx+scx+100, phby+120+ k*30);
    }
// 绘制返回主页
    game.context.font = game.phbFace.returnHome.fontsize;
    game.context.fillStyle = "#d8090f";
    let s = game.phbFace.returnHome.name;
    let sx = game.phbFace.returnHome.x;
    let sy = game.phbFace.returnHome.y;
    game.context.fillText(s, sx, sy);
    break;
}
```

在 ajax.js 文件中增加以下代码，使用 get 方式从后台获取历史分数。

```javascript
function getScore(phbobj){    //下载得分
    ajaxObj= loadXMLDoc();

    ajaxObj.onreadystatechange=function()
        {
            if (ajaxObj.readyState==4 && ajaxObj.status==200)
            {
                console.log(ajaxObj.responseText);
                if(ajaxObj.responseText.length>0)
                    phbobj.scorelist= ajaxObj.responseText.split('|');
            }
        }
    ajaxObj.open("GET","getscore.php?t="+Math.random(),true);
    ajaxObj.send();
}
```

后台的 PHP 文件接收前台的请求，从 score.txt 文件中读取出所有分数，并把所有分数用竖线串联起来发送给前台。

```php
<?php
if(file_exists("score.txt"))
{
    $file = fopen("score.txt","r");
    $historyScore=array();
    //读取所有历史分数
    while(!feof($file)) {
        $score=fgets($file);
        if(strlen($score)>0)
            $historyScore[]= $score ;
}
fclose($file);
echo implode('|',$historyScore);
}
?>
```

案例四

金 额 转 换 器

▶ 学习目标

- 掌握 document 新的查询接口。
- 理解事件流和事件对象的含义。
- 掌握字符串常用方法。
- 能动态修改网页的代码。

▶ 效果讲解演示

本案例实现了数字金额到汉字金额的转换，效果图如图 4-1 所示。当点击对应按钮时数字金额框里的数字会发生变化，同时汉字金额显示区域更新显示。

图 4-1　金额转换器

一 知 识 链 接

1. querySelector 和 querySelectorAll

querySelector 和 querySelectorAll 是 W3C 提供的新的查询接口，其主要特点如下：

● querySelector 只返回匹配的第一个元素，如果没有匹配项，则返回 null。

● querySelectorAll 返回匹配的元素集合，如果没有匹配项，则返回空的 nodelist(节点数组)。

● 返回的结果是静态的，之后对 document 结构的改变不会影响到之前取到的结果。

querySelector 和 querySelectorAll 方法都可以接受三种类型的参数：id(#)、class(.)、标签，很像 jquery 的选择器。

例　选择器 (queryselector.html)

```html
<!doctype html>
<html>
<head>
<meta charset="utf-8">
<title>querySelector</title>
</head>

<body>
  <div id="left">
    left panel
  </div>
  <div id="right">
    right panel
  </div>
  <script>
      var div1 = document.querySelector("div");
      console.log(div1);
      var p1 = document.querySelector("p");
      console.log(p1);
      var div2 = document.querySelectorAll("div");
      console.log(div2);
      var p2 = document.querySelectorAll("p");
      console.log(p2);
  </script>
</body>
</html>
```

输出结果如图 4-2 所示。

图 4-2 querySelector 与 querySelectorAll 的选择结果

由图 4-2 可以看出这两个方法更强大，可以完全代替 getElementById、getElementsByClassName、getElementsByTagName、getElementsByName 等方法。

2. 事件流和事件对象

1) 事件流

事件流描述的是从页面接受事件的顺序。当几个都具有事件的元素层叠在一起且都在用户触发事件的范围内时，并不只有当前被交互的元素会触发事件，比如点击其中一个元素的时候，所有范围 (包括点击位置的元素) 都会触发事件，但触发总是有先后顺序的，这个先后顺序就是事件传播的过程，也就是事件流。而如果我们想要只触发其中一个事件，就需要取消事件流的传播。

事件流包括两种模式：冒泡和捕获。

(1) 冒泡型事件流：从里向外逐个触发 (从子元素到父元素)。当使用事件流冒泡时，子级元素先触发，父级元素后触发。

(2) 捕获型事件流：从外向里逐个触发 (从父元素到子元素，与事件流冒泡机制相反)。当使用事件流捕获时，父级元素先触发，子级元素后触发。

下面以 HTML 元素的单击事件——点击 hello 时为例，阐述事件流的传播方向。

```
    <body>
      <div>
          <span>hello</span>
      </div>
    </body>
```

JS 冒泡型事件流传递如图 4-3 所示。

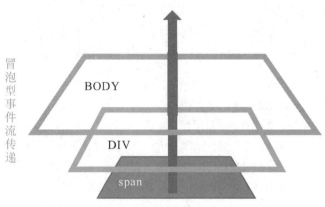

图 4-3 冒泡型事件流传递

JS 捕获型事件流传递如图 4-4 所示。

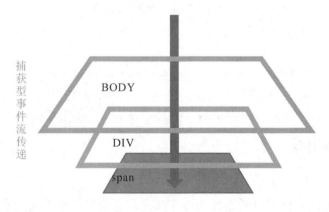

图 4-4 捕获型事件流传递

2) 事件绑定

要想让 JavaScript 对用户的操作做出响应，首先要对 DOM 元素绑定事件处理函数。所谓事件处理函数，就是处理用户操作的函数，不同的操作对应不同的名称。

在 JavaScript 中有以下三种常用的事件绑定的方法：

(1) 行内绑定式：在 DOM 元素中直接绑定。

(2) 动态绑定式：在 JavaScript 代码中绑定。

(3) 事件监听式：绑定事件监听函数。

例 行内绑定式 (EventInline.html)

```html
<button onclick="sayhello()"> 按钮 </button>
<script>
    function sayhello(){
        alert("hello");

    }
</script>
```

例 动态绑定式 (EventDynamic.html)

```
<button id="btn"> 按钮 </button>
<script>
    document.getElementById("btn").onclick=function(){
        alert("hello");
    }
</script>
```

事件监听式用 addEventListener() 绑定事件监听函数。

addEventListener() 函数语法：

```
elementObject.addEventListener(eventName,handle,useCapture);
```

其中：

elementObject：DOM 对象（即 DOM 元素）。

eventName：事件名称。注意，这里的事件名称没有 "on"，而鼠标单击事件 click、鼠标双击事件 doubleclick、鼠标移入事件 mouseover、鼠标移出事件 mouseout 等就有 "on"。

handle：事件句柄函数，即用来处理事件的函数。

useCapture：Boolean 类型，表示是否使用捕获型事件流。false 表示的是冒泡型事件流，true 表示的是捕获型事件流，默认为 false。

例　事件监听式 (EventListen.html)

```
<button id="btn"> 按钮 </button>
<script>
    document.getElementById("btn").addEventListener("click",function(){
        alert("hello");
    });
</script>
```

例　冒泡型事件流与捕获型事件流对比 (EventFlow.html)

```
<!DOCTYPE html>
<html>
    <head>
        <meta charset="utf-8">
        <title> 事件流 </title>
    </head>
    <body>
        <div>
            <span> 点击从控制台查看事件流 </span>
        </div>
    </body>
    <script>
        document.querySelector("body").addEventListener("click",function(e){
            console.log("Hi,I am body");
```

```
        },false);        //第三个参数，演示冒泡型事件流时用 false,演示捕获型事件流时用 true
document.querySelector("div").addEventListener("click",function(e){
        console.log("Hi,I am div");
        },false);        //第三个参数，演示冒泡型事件流时用 false,演示捕获型事件流时用 true
document.querySelector("span").addEventListener("click",function(e){
        console.log("Hi,I am span");
        },false);        //第三个参数，演示冒泡型事件流时用 false,演示捕获型事件流时用 true
    </script>
    </html>
```

冒泡型事件流的输出结果如图 4-5 左图所示，捕获型事件流的输出如图 4-5 右图所示。

图 4-5　事件流的传播过程

3) 事件对象

事件在浏览器中以对象的形式存在，即 event。触发一个事件，就会产生一个事件对象 event，该对象包含着所有与事件有关的信息，包括导致事件的元素、事件的类型以及其他与特定事件相关的信息。

例如：鼠标操作产生的 event 中会包含鼠标位置的信息；键盘操作产生的 event 中会包含与按下的键有关的信息。

所有浏览器都支持 event 对象，但支持的方式不同。在 DOM 中 event 对象必须作为唯一的参数传给事件处理函数，在 IE 中 event 是 window 对象的一个属性。基于 IE 浏览器基本退出历史舞台，这里不再讲 IE 中的事件对象，读者可自行学习。

例　查看事件对象信息 (EventObj.html)

```
<body>
<input id="btn" type="button" value=" 来啊 "/>
<script>
    var btn=document.getElementById("btn");
    btn.onclick=function(event){
        console.log(event);
    }
    btn.addEventListener("mouseenter", function (event) {
        console.log(event);
    },false);
```

```
</script>
</body>
```

事件对象的部分重要属性和方法见表 4-1。

表 4-1 事件对象的部分重要属性和方法

属性	描 述
bubbles	返回布尔值，表示事件是否为冒泡型事件流类型
cancelable	返回布尔值，表示是否为可取消事件。如果可以阻止事件默认操作，则该事件是可取消的
currentTarget	返回其事件监听器触发该事件的元素
eventPhase	返回事件传播的当前阶段
target	返回触发此事件的元素（事件的目标节点）
timeStamp	返回事件生成的日期和时间
type	返回当前 event 对象表示的事件的名称
initEvent()	初始化新创建的 event 对象的属性
preventDefault()	通知浏览器不要执行与事件关联的默认动作
stopPropagation()	不再派发事件

例 鼠标点击目标和点击坐标 (eventObj_click.html)

```html
<!doctype html>
<html>
<head>
<meta charset="utf-8">
<title> 鼠标点击目标和点击坐标 </title>
    <style>
        div{
            width: 300px;
            height: 200px;
            margin: auto;
        }
        #div1{background: #BF5C5E;}
        #div2{background: #37C365;}
    </style>
</head>

<body>
    <div id="div1"> </div>
    <div id="div2"></div>
<script type="text/javascript">
```

```
        var divs = document.getElementsByTagName("div");
        divs[0].onclick =divs[1].onclick = function (event) {
          console.log(event.target);        // 点击元素
            // 相对 DOM 区域坐标
            console.log(event.clientX + "---" + event.clientY);
            // 相对 DOM 区域坐标 ( 包含滚动条距离 )
            console.log(event.pageX + "---" + event.pageY);
            // 相对屏幕的坐标
            console.log(event.screenX + "---" + event.screenY);
        }
      </script>
      </body>
      </html>
```

例　按键监听 (演示时关闭中文输入法，eventObj_keypress.html)

```
      <!doctype html>
      <html>
      <head>
      <meta charset="utf-8">
      <title> 按键监听 </title>
      </head>

      <body>
        <input>
      <script type="text/javascript">
        var ipt = document.querySelector("input");
        ipt.onkeypress = function (event) {
          console.log(" 你在 "+event.target+" 里按下了键： ");
            console.log(event.keyCode+"=="+event.key);
        }
      </script>
      </body>
      </html>
```

例　阻止事件传播 (eventObj_stopEventFlow.html)

```
      <!doctype html>
      <html>
      <head>
      <meta charset="utf-8">
      <title> 阻止事件传播 </title>
        <style>
```

```
        div {
                width: 400px;
                height: 300px;
                background-color: pink;
        }
        p {
                width: 300px;
                height: 200px;
                background-color: lightsteelblue;
        }
        span {
                font-size: 22px;
                background-color: darkslategray;
                color: #FFF;
        }
    </style>
</head>

<body>
    <h2>DOM 操作 </h2>
        <div>
            <p>
            <span>hi,welcome</span>
            </p>
        </div>
<script type="text/javascript">
        var sp = document.getElementsByTagName("span")[0];
        var pt = document.getElementsByTagName("p")[0];
        var dv = document.getElementsByTagName("div")[0];

        sp.addEventListener("click", function(event) {
            console.log("This is span tag");
            // 演示时注释掉下一句做对比
            event.stopPropagation();
        });
        pt.addEventListener("click", function(event) {
            console.log("This is p tag");
            // 演示时注释掉下一句做对比
            event.stopPropagation();
```

```
            });
        dv.addEventListener("click", function(event) {
            console.log("This is div tag");
            // 演示时注释掉下一句做对比
            event.stopPropagation();
        });
    </script>
    </body>
    </html>
```

例 阻止浏览器默认动作 (eventObj_stopDefault.html)

```
<!doctype html>
<html>
<head>
<meta charset="utf-8">
<title> 阻止浏览器默认动作 </title>
</head>

<body>
    <form action="/register.php">
        <input type="text">
        <input id="submit" type="submit">
    </form>
    <script type="text/javascript">
        var form = document.querySelector("form");
        form.addEventListener("submit", function(event) {
            console.log(" 提交被阻止了。")
            event.preventDefault();
        });
    </script>
</body>
</html>
```

3. 字符串连接

在 JavaScript 中，使用字符串连接有三种方式。

1) 使用加号运算符

连接字符串最简便的方法是使用加号运算符。

例 加号运算符拼接字符串 (stringPlus.html)

```
<!DOCTYPE html>
<html>
```

```
<head>
    <meta charset="utf-8">
    <title> 字符串连接 </title>
</head>
<body>
    <script type="text/javascript">
        var s1 = "abc" , s2 = "def";
        console.log(s1 + s2);       // 输出字符串 "abcdef"
        var d1=1,d2='2',d3=3;
        console.log(d1+d2);         // 输出 12
        console.log(d1+d3);         // 输出 4
    </script>
</body>
</html>
```

从上面的例子中可以看出，只要加号运算符两侧有一个数据是字符串，结果就是字符串。

2) 使用 concat() 方法

使用字符串 concat() 方法可以把多个参数添加到指定字符串的尾部。该方法的参数类型和个数没有限制，它会把所有参数都转换为字符串，然后按顺序连接到当前字符串的尾部最后返回连接后的字符串。

例 使用 concat() 方法把多个字符串连接在一起 (concat.html)

```
var s1 = "abc";
var s2 = s1.concat("d" , "e" , "f");       // 调用 concat() 连接字符串
console.log(s1);       // 返回字符串 abc
console.log(s2);       // 返回字符串 "abcdef"
```

3) 使用 join() 方法

在特定的操作环境中，也可以借助数组的 join() 方法来连接字符串，如 HTML 字符串输出等。

例 借助数组的 join() 方法连接字符串 (join.html)

```
var strArr=["Java","Script"];
console.log(strArr.join(""));          // 输出 JavaScript
console.log(strArr.join(','));         // 输出 Java,Script
console.log(strArr.join('|'));         // 输出 Java|Script
```

4. 字符串查找

charAt() 方法返回字符串中指定位置的字符。

语法格式：

```
str.charAt(index)
```

其中：index 为 0 ~字符串长度 −1 的一个整数。

字符串中的字符从左向右索引，第一个字符的索引值为 0，最后一个字符 (假设该字符位于字符串 stringName 中) 的索引值为 stringName.length−1。如果指定的 index 值超出了该范围，则返回一个空字符串。

例　charAt(charAt.html)

```
str="hello world!";        // 字符串总长为 12
// 返回第 9 个字符: r
console.log(str.charAt(8));
// 超出长度，返回空串，不是 null
console.log(str.charAt(16));
```

indexOf() 方法返回指定值在字符串对象中首次出现的位置，从 fromIndex 位置开始查找，如果不存在，则返回 −1。

语法格式：

```
str.indexOf(searchValue[,fromIndex]);
```

其中：

searchValue：一个字符串表示被查找的值。

formIndex：可选，表示调用该方法的字符串中开始查找的位置，可以是任意整数，默认值是 0。如果 fromIndex < 0 则查找整个字符串 (如同传进了 0)；如果 formIndex ≥ str.length 则该方法返回 −1。除非被查找的字符串是一个空字符串，此时返回 str.length。

例　indexOf(indexOf.html)

```
str="hello world!";                // 字符串总长为 12

console.log(str.indexOf('ell'));       // 返回 1
console.log(str.indexOf('ell',2));     // 返回 -1
console.log(str.indexOf('wor',-6));    // 返回 6
```

lastIndexOf() 方法返回指定值在调用该方法的字符串中最后出现的位置，如果没有找到则返回 −1。

语法格式：

```
lastIndexOf(serachValue [,formIndex])
```

其中：

searchValue：一个字符串，表示被查找的值。

fromIndex：从调用该方法字符串的此位置处开始查找，可以是任意整数，默认值为 str.length。如果为负值，则被看作 0。如果 fromIndex > str.length，则 fromIndex 被看作 str.length。

例　lastIndexOf(lastIndexOf.html)

```
str="hello world!";                        // 字符串总长为 12

console.log(str.lastIndexOf('ell'));          // 返回 1
console.log(str.lastIndexOf('ell',2));        // 返回 1
```

```
console.log(str.lastIndexOf('wor',-6));        // 返回 -1
```

5. 字符串截取

JavaScript 中有三个方法可以实现截取字符串。

1) 截取指定长度字符串——substr

substr() 方法能够根据指定长度来截取子字符串。它包含两个参数，第一个参数表示准备截取的子字符串起始下标，第二个参数表示截取的长度。如果省略第二个参数，则表示截取从起始位置开始到结尾的所有字符；如果第一个参数为负值，则表示从字符串的尾部开始计算下标位置，即 -1 表示最后一个字符，-2 表示倒数第二个字符，以此类推，这对于左侧字符长度不固定时非常有用。

例　截取身份证号的生日 (substr.html)

```
<!DOCTYPE html>
<html>
    <head>
        <meta charset="utf-8">
        <title>substr</title>
    </head>
    <body>
        <script type="text/javascript">
            var ID = "350781196403075888";
            var birthday= ID.substr(6,8);      // 生日从第七个字符开始，长度为 8
            console.log(birthday);             // 返回子字符串"19640307"

            var tmp=ID.substr(6);
            console.log(tmp);                  // 输出：196403075888

            tmp=ID.substr(-3);
            console.log(tmp);                  // 输出：888

            tmp=ID.substr(-4,2);
            console.log(tmp);                  // 输出：58
        </script>
    </body>
</html>
```

2) 截取起止下标位置字符串——slice 和 substring

slice() 和 substring() 方法都是根据指定的起止下标位置来截取字符串的，它们都可以包含两个参数，第一个参数表示起始下标，第二个参数表示结束下标。

例　截取网址中的域名 (substring.html)

```
<!DOCTYPE html>
<html>
  <head>
      <meta charset="utf-8">
      <title>substring 和 slice</title>
  </head>
  <body>
      <script type="text/javascript">
          var url="https://www.baidu.com/s";
          var index1= url.indexOf("://")+3;
          var index2= url.lastIndexOf("/");
          console.log(index1);        //8
          console.log(index2);        //21

          console.log(url.substring(index1,index2));    // 输出 www.baidu.com
          console.log(url.substring(index2,index1));    // 输出 www.baidu.com
          console.log(url.substring(index1));           // 输出 www.baidu.com/s
          console.log(url.substring(-3));               // 输出 https://www.baidu.com/s

          console.log(url.slice(index1,index2));        // 输出 www.baidu.com
          console.log(url.slice(index2,index1));        // 输出空字符串
          console.log(url.slice(-3));                   // 输出 m/s

      </script>
  </body>
</html>
```

如果第一个参数值比第二个参数值大，则 substring() 方法能够在执行截取之前先交换两个参数，而对于 slice() 方法来说，则被无视为无效，并返回空字符串。因此当起始点和结束点的值大小无法确定时，使用 substring() 方法更合适。

如果参数值为负值，slice() 方法能够把负号解释为从右侧开始定位，这与 Array 的 slice() 方法相同。但是 substring() 方法强行传递负数，在执行时会被当成 0 处理。

6. while 和 do while 循环

while 语句是最基本的循环结构。语法格式如下：

```
while (expr)
    statement
```

当表达式 expr 的值为真时，将执行 statement 语句，执行结束后，再返回到 expr 表达式继续进行判断，直到表达式的值为假，才跳出循环，执行下面的语句。while 循环语句的执行流程如图 4-6 所示。

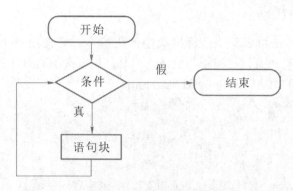

图 4-6　while 循环流程图

例　使用 while 输出 1 ～ 100 之间的奇数 (while.html)

```
var n = 1;               // 声明并初始化循环变量
while(n <= 100){         // 循环条件
    if (n % 2 == 1) console.log (n);
    n++;                 // 递增循环变量
}
```

do while 与 while 循环非常相似，区别在于表达式的值是在每次循环结束时检查，而不是在开始时检查。因此 do while 循环能够保证至少执行一次循环，而 while 循环就不一定了，如果表达式的值为假，则直接终止循环不进入循环。do while 循环的语法格式如下：

```
do
    statement
while(expr)
```

do while 循环语句的执行流程如图 4-7 所示。

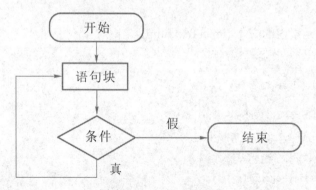

图 4-7　do while 流程图

例　使用 do while 输出 1 ～ 100 之间的奇数 (dowhile.html)

```
var n = 1;               // 声明并初始化循环变量
do{
    if (n % 2 == 1) console.log (n);
    n++;                 // 递增循环变量
} while(n <= 100)        // 循环条件
```

7. 动态修改网页的代码

在 JS 中有两种方法可以动态改变网页中的内容，一是使用 DOM 元素操作的方法，这种方法在案例一中有讲到，这里不再赘述；二是使用 innerHTML 属性修改代码。

例　动态改变 HTML 代码 (innerHTML.html)

```html
<!DOCTYPE html>
<html>
<head>
    <meta charset="UTF-8">
    <title> 动态改变 HTML 代码 </title>
    <script>
        function myFunction() {
            x = document.getElementById("demo");
            x.innerHTML = "<span style=>hi,i can do it!</span>";
        }
    </script>
</head>
<body>
<p id="demo">js 能够改变 html 的代码。</p>
<button type="button" onclick="myFunction()"> 点击这里 </button>
</body>
</html>
```

此外，JS 中有一个属性与 innerHTML 相近，它就是 innerText。innerText 可获取或设置指定元素标签内的文本值，从该元素标签的起始位置到终止位置的全部文本内容 (不包含 HTML 标签)。

例　动态改变元素内的文本 (innerText.html)

```html
<!DOCTYPE html>
<html>
<head>
    <meta charset="UTF-8">
    <title> 动态改变元素内的文本 </title>
    <script>
        function myFunction() {
            x = document.getElementById("demo");
            x.innerText = "<span style=>hi,i can do it!</span>";
        }
    </script>
</head>
<body>
<p id="demo">js 能够改变这里的文本，但是不会解释执行 HTML 代码。</p>
```

```
<button type="button" onclick="myFunction()"> 点击这里 </button>
</body>
</html>
```

二 案 例 实 现

1. 设计思路

设计上分为数字金额区、汉字金额显示区、按钮区，当点击按钮区数字键时输入区的数字发生变化，同时汉字金额显示区更新翻译结果，如果输入错误则可以从后边删除错误的数字或者直接清空 (即复位为 0)。

2. 实现步骤

1) 设计页面结构

该案例页面结构设计如图 4-8 所示。

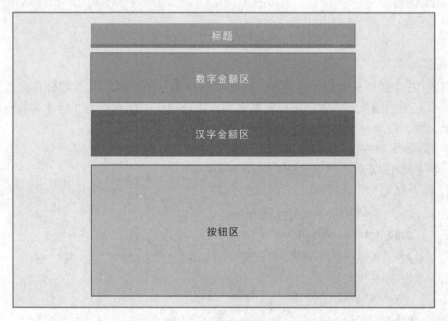

图 4-8　页面结构设计图

从结构上来看所有内容由一个块包围，按钮区有 10 个数字按钮、1 个清空按钮和 1 个删除按钮，其他区域均由一个元素组成，所以内部区域总共由 15 个元素组成。其对应的 HTML 代码如下：

```
<div class="area">
    <span> 金额转换器 </span>
    <input type="number" value="0" step='1' min='0' id="money" />
    <span id="rst">0 元 </span>
    <button>1</button>
```

```
            <button>2</button>

            <button>3</button>

            <button>4</button>

            <button>5</button>

            <button>6</button>

            <button>7</button>

            <button>8</button>

            <button>9</button>

            <button>0</button>

            <button>C</button>

            <button>Back</button>

    </div>
```

这段 HTML 代码完成后,页面效果如图 4-9 所示。

图 4-9   未加样式的页面结构效果图

2) 美化元素

布局上 12 个按钮分 3 列 4 行显示,这些按钮作为一个整体与其他部分垂直排列,为了尽量减少元素的个数,本案例采用网格布局,综合考虑,此网格为 7 行 3 列的网格,标题、数字金额、汉字金额都是跨 3 列显示。其样式代码如下:

```
    <style>

    /* 采用网格布局,把界面设计成 7 行 3 列的布局 */

    .area{

        display:grid; width:300px;height:700px;

        grid-template-columns:repeat(3,33.3%);

        grid-template-rows:repeat(7,100px);

        margin:auto;

        border:5px solid #99c965;

        padding:10px;

        background:#d5d1a4;

    }

    .area>span{text-align:center;line-height:100px;}

    /* 标题独占一行,是通过跨 3 列的样式实现的 */

    .area>span:first-child{

        grid-column-start:1;

        grid-column-end:4;

        background:#e0cc97;

        border:1px solid #ddd;
```

```
        margin-bottom:5px;
    }
    /* 金额的输入框也是独占一行，是通过跨 3 列的样式实现的 */
    .area>input{
        grid-column-start:1;
        grid-column-end:4;
    }
    /* 翻译后的汉字金额也独占一行，是通过跨 3 列的样式实现的 */
    .area>span:nth-child(3){
        grid-column-start:1;
        grid-column-end:4;
        background:#666;
        border:1px solid #ddd;
        margin:5px 0px;
        color:#fff;
    }
</style>
```

经过网格布局调整显示后，页面的效果变为如图 4-10 所示的样子。

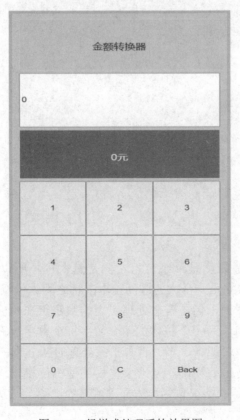

图 4-10 经样式处理后的效果图

3) 事件的绑定

本案例设计的是仅在点击按钮时金额发生变化，所以只需要对按钮的单击事件进行绑定即可。这些按钮分为两大类：数字按钮和功能按钮。功能按钮"Back"的作用是删除最后一位数字；功能按钮"C"的作用是清除所有输入的数字，恢复为 0；所有数字按钮点击时在数字的最后增加相对应的数字。这些按钮共用一个事件处理函数。

```javascript
var money = document.querySelector("#money");        // 数字框
var btns = document.querySelectorAll('button');      // 获取所有按钮
for(var btn of btns) {                               // 循环绑定按钮单击事件
    btn.onclick = btnclick;                          // 所有按钮共享一个事件处理函数
}
function btnclick(e)
{
    var txt = e.target.innerHTML;                    // 获取按钮上的文字，作为处理的依据
    if (txt == "Back") {                             // 删除最后一个数字的按钮
        if (money.value.length > 1) {
            moncy.value = money.value.substr(0, money.value.length - 1);
        }
    }
    else if (txt == "C") {                           // 清空数字，即复位为 0
        money.value = 0;
    }
    else {                                           // 0 ~ 9 的数字按钮
        if (money.value == "0")
            money.value = txt;
        else
            money.value = money.value + txt;
    }
    transmoney();                                    // 执行转换
}
```

4) 执行转换

转换的思路：金额最右侧是最小位，左侧是最大位，所以整体考虑是从右向左处理；从右向左数每 4 个数字是一个大的区间，本书称之为大位权，大位权从小到大是个、万、亿……本书最大处理到千亿，若想处理更大的数字可在相应大位权数组中增加大位权即可，其他代码不变；作为一个整体的 4 个数字每个数字也有一个位权，本书称之为小位权，小位权只有 4 个，即个、十、百、千；处理时从右向左逐个把数字翻译成汉字并加上位权（包括大位权和小位权，无论大位权还是小位权当遇到"个"时不加任何字符），再处理特殊情况（特殊情况包括：末尾连续多个"零"、开头有"零"、中间连续多个"零"）；处理完特殊情况就符合要求了。其代码如下：

```
// 转换
function transmoney(){
    // 一、获取值
        var m = document.getElementById('money').value;
        while (m.length > 0 && m[0] == "0")
            m = m.substring(1);

    // 二、转换
    var rst='';
    //1 所有数字转成汉字123
    var isZero=false;                    // 表示末尾有连续的0
    for(var i=m.length-1;i>=0;i--)
    {
        var k= m.length -1 -i;           // 位权对应的下标，理解成从右到左的索引
        //2 数值末尾有零的情况
        if( k % 4==0)
        {
            if(m[i]==0)
                isZero=true;
            else
                isZero=false;
        }
        if(k%4==0 && isZero==true)       // 只需要去掉"零"，但是不能去掉：元，万，亿
        {
            rst = weiquan[k]+rst;
        }
        else if(isZero==true && m[i]==0) // 既要去掉"零"，也要去掉：佰，拾，仟
        {
        }
        else
        {
            isZero=false;
            if(m[i]==0)
            {
                rst = hanzi[m[i]] +rst;
            }
            else
            {
                rst = hanzi[m[i]] + weiquan[k]+rst;
```

```
            }
        }
    }
    //3 数值中间有零的情况
    var zindex= rst.indexOf(' 零零 ');
    while(zindex>0 )        // 表示有连续的两个零
    {
        rst = rst.substr(0,zindex) + rst.substr(zindex+1);
        zindex= rst.indexOf(' 零零 ');
    }
    // 三、显示结果
    if (rst.length < 1) rst = " 零元 ";
    document.getElementById('rst').innerHTML=rst;
};
```

案例五

音乐播放器

学习目标

- 会进行字符串大小写转换。
- 会获取和修改 DOM 元素的属性值。
- 能动态修改元素的样式。
- 能处理地址栏中的特殊字符。
- 能进行几种基本类型之间的数据转换。
- 能在网页中播放音乐。

效果讲解演示

本案例实现了简易的音乐播放器，可实现音乐的播放和暂停，并在播放过程中显示播放进度及音乐时长等信息，如图 5-1 所示。

♫ 留下我美梦.mp3

图 5-1　音乐播放器

一　知 识 链 接

1. 字符串大小写转换

1) toLowerCase 将字符串转为小写

JavaScript 中的 toLowerCase() 方法可以将字符串转换为小写，但是它对非字母字符不会产生影响，使用时无需担心兼容性，因为所有主要浏览器都支持 toLowerCase() 方法。

语法格式：

```
str.toLowerCase()
```

其中：str 表示一个 String 对象。

toLowerCase() 方法没有参数；返回一个字符串，该字符串中的字母被转换为小写字母。

例　toLowerCase(toLowerCase.html)

```
<!DOCTYPE html>
```

```
<html>
    <head>
        <meta charset="utf-8">
        <title>toLowerCase</title>
    </head>
    <body>
        <script type="text/javascript">
            var str="HeLLo WOrld!"
            document.write(str.toLowerCase());
            // 输出结果：hello world!
        </script>
    </body>
</html>
```

2）toUpperCase 将字符串转为大写

toUpperCase() 方法可以将字符串转换为大写，和 toLowerCase() 方法一样，它对非字母字符不会产生影响，且所有主要浏览器都支持 toUpperCase() 方法。

语法格式：

```
str. toUpperCase ()
```

其中：str 表示一个 String 对象。

toUpperCase() 方法没有参数；返回一个字符串，该字符串中的字母被转换为大写字母。

例   toUpperCase(toUpperCase.html)

```
<!DOCTYPE html>
<html>
    <head>
        <meta charset="utf-8">
        <title>toUpperCase</title>
    </head>
    <body>
        <script type="text/javascript">
            var str1="Crafting Your Research Future"
            var str2=str1.toUpperCase()
            document.write(str1+'<br>'+ str2)
            // 输出结果：
            // Crafting Your Research Future
            // CRAFTING YOUR RESEARCH FUTURE
        </script>
    </body>
</html>
```

这两个方法一个重要的用途是判断两个字符串内容的一致性。

2. 获取和修改 DOM 元素的属性值

1) getAttribute() 方法

getAttribute() 方法通过元素节点的属性名称获取属性的值。

语法格式:

```
elementNode.getAttribute(name)
```

其中:

elementNode: 使用 getElementById()、getElementsByTagName() 等方法,获取到的元素节点。

name: 想要查询的元素节点的属性名字。

返回值: 指定属性的值。

例 getAttribute(getAttribute.html)

```
<!DOCTYPE HTML>
<html>
<head>
<meta http-equiv="Content-Type" content="text/html; charset=utf-8">
<title>getAttribute()</title>
</head>
<body>
<h1 id="superlink" title=" 获取标签的属值" onclick="getattr() "> 点击我,获取标签的属值 </h1>
<script type="text/javascript">
function getattr () {
    var node=document . getElementById("superlink ") ;
    var attr1=node . getAttribute ("id") ;
    var attr2=node . getAttribute ("title") ;
    console.log ("h1 标签的 ID : "+attr1) ;
    console.log ("h1 标签的 title : "+attr2) ;
}
</ script>
</body>
</html>
```

当页面运行后,点击 h1 在控制台输出的结果如图 5-2 所示。

图 5-2 getAttribute 获取属性值

2) setAttribute() 方法

setAttribute() 方法通过元素节点的属性名称设置 (修改) 属性的值。

语法格式:

```
elementNode.setAttribute(name,value)
```

其中:

elementNode:使用 getElementById()、getElementsByTagName() 等方法,获取到的元素节点。

name:想要设置的元素节点的属性名字。

value:属性的新值。

返回值:无。

例 setAttribute(setAttribute.html)

```html
<!DOCTYPE html>
<html>
    <head>
        <meta charset="utf-8">
        <title>setAttribute</title>
    </head>
    <body>
        <h1 id="superlink" title="H 标签中的老大 " onclick="setattr()">
            我在 H 标签里的地位是不可撼动的
        </h1>
        <script type="text/javascript">
        function setattr() {
            var node=document.getElementById("superlink");
            node.setAttribute ("title"," 我有 5 个小弟 ");
        }
        </script>
    </body>
</html>
```

点击 h1 前后网页中的代码如图 5-3 所示。

图 5-3　setAttribute 设置属性值

　　通过 setAttribute() 方法对文档做出的修改，将使文档在浏览器窗口里的显示效果和 /
或行为动作发生相应的变化，但我们在通过浏览器的 View Source(查看源代码) 选项去查
看文档的源代码时看到的仍将是原来的属性值，也就是说，setAttribute() 方法做出的修改
不会反映在文档本身的源代码里。这种"表里不一"的现象源自 DOM 的工作模式：先加
载文档的静态内容，再以动态方式对它们进行刷新，动态刷新不影响文档的静态内容，这
正是 DOM 的真正威力和诱人之处：对页面内容的刷新不需要最终用户在他们的浏览器里
执行页面刷新操作就可以实现。

3. encodeURIComponent 和 decodeURIComponent

　　encodeURIComponent() 函数可把字符串作为 URI 组件进行编码。该方法不会对 ASCII
字母和数字进行编码，也不会对" - _ . ! ~ * ' ( )"这些 ASCII 标点符号进行编码。其他字
符 (比如";/?:@&=+$,#"这些用于分隔 URI 组件的标点符号)，都是由一个或多个十六进
制的转义序列替换的。

　　语法格式：

```
encodeURIComponent (Url)
```

其中：Url 是一个需要进行编码的字符串。

　　返回值为编码后的文本。

例　encodeURIComponent(encodeURIComponent.html)

```
<!DOCTYPE html>
<html>
  <head>
      <meta charset="utf-8">
      <title>encodeURIComponent</title>
  </head>
  <body>
    原文是：<br>
    encodeURIComponent 案例 <br>
    编码后：<br>
    <script type="text/javascript">
        document.write(encodeURIComponent("encodeURIComponent 案例 "));
    </script>
  </body>
</html>
```

运行的效果如图 5-4 所示。

原文是:
encodeURIComponent案例
编码后:
encodeURIComponent%E6%A1%88%E4%BE%8B

图 5-4　encodeURIComponent 编码前后对比图

对于 URL 来说，之所以要进行编码，是因为 URL 中有些字符会引起歧义。如 URL 参数字符串中使用 key=value 键值对这样的形式来传参，键值对之间以 & 符号分隔，如 /s?q=abc&ie=utf-8。如果 value 字符串中包含了 = 或者 &，那么势必会造成接收 URL 的服务器解析错误，因此必须将引起歧义的 & 和 = 符号进行转义，也就是对其进行编码。如：想传输 username = 'a&foo=boo' 的值而不用 encodeURIComponent 的话，整个参数就成了 username=a&foo=boo，这样 CGI 就获得两个参数 username 和 foo，这不是我们想要的。又如，URL 的编码格式采用的是 ASCII 码，而不是 Unicode，这也就是说不能在 URL 中包含任何非 ASCII 字符，例如中文，否则如果客户端浏览器和服务端浏览器支持的字符集不同的情况下，中文可能会造成问题。

decodeURIComponent() 函数可对 encodeURIComponent() 函数编码的 URI 进行解码。

语法格式：

```
decodeURIComponent(uri)
```

其中：uri 是一个字符串，含有编码 URI 组件或其他要解码的文本。

返回值为解码后的文本。

例 decodeURIComponent(decodeURIComponent.html)

```
<!DOCTYPE html>
<html>
  <head>
    <meta charset="utf-8">
    <title>decodeURIComponent</title>
  </head>
  <body>
    解码前字符串：<br>
https://www.baidu.com/s?wd=encodeURIComponent%20%E6%A1%88%E4%BE%8B<br>
    解码后字符串：<br>
    <script type="text/javascript">
document.write(decodeURIComponent("https://www.baidu.com/s?wd=encodeURIComponent%20%E6%A1%88%E4%BE%8B"));
    </script>
  </body>
</html>
```

把本案例解码出来的字符串粘贴到浏览器的地址栏中，然后按回车键看一下结果。此网页运行的效果如图 5-5 所示。

解码前字符串：
https://www.baidu.com/s?wd=encodeURIComponent%20%E6%A1%88%E4%BE%8B
解码后字符串：
https://www.baidu.com/s?wd=encodeURIComponent 案例

图 5-5 decodeURIComponent 解码前后的对比图

4. className 和 classList

在 JS 中可以通过 className 和 classList 属性获取或修改元素的类名，className 返回的是一个字符串，classList 返回的是一个集合。当一个元素的类名是一个时使用 className 比较方便；当元素使用的类多于 1 个时使用 classList 比较方便。修改这两个属性的值表现为页面元素的样式发生变化。

className 属性设置或返回元素的 class 属性。

语法格式：

```
object.className=classname
```

例 className(className.html)

```html
<!doctype html>
<html>
<head>
<meta charset="utf-8">
<title>classname</title>
    <style>
        input{
            border-radius: 8px;
            padding: 10px;
        }
        .btn1{
            background:#187CF4;
        }
        .btn2{
            background: #58DF5F;
        }
    </style>
</head>

<body>
    <input id="btn" type="button" value=" 你过来啊 " class="btn1"/>
    <script>

        document.querySelector("#btn").onclick=function(){
            this.className="btn2";
        }
    </script>
</body>
</html>
```

classList 属性返回元素类名，该属性用于在元素中添加、移除和切换 CSS 类。classList 是只读属性，它具有的方法如下：

(1) .add()：新增类名。

(2) .remove()：移除类名。

(3) .toggle()：切换类名 (有就减，没有就加)。

(4) .contains()：判断是否包含某个类名。

例 classList 演示 (classList.html)

```html
<!DOCTYPE html>
<html>
  <head>
      <meta charset="utf-8">
      <title>classList</title>
      <style type="text/css">
          .bg{background:#CCC;}
          .blue{
              color:blue;
              background:#00FF99;
          }
      </style>
  </head>
<body>
      <table border="1" cellspacing="0" cellpadding="0">
          <tr><th>Header</th></tr>
          <tr><td> 点击某行有选中效果 </td></tr>
          <tr><td>Data1</td></tr>
          <tr><td>Data2</td></tr>
          <tr><td>Data3</td></tr>
      </table>
      <script>
          window.onload = function (){
              var rows=document.querySelectorAll('tr');
              [].forEach.call(rows,function(row){
                  row.onclick=clickRow;
                  row.onmouseover=function(){
                      this.classList.toggle("bg");
                  };
              });
          };
          function clickRow(){
```

```
                    if(this.classList.contains('blue'))
                        this.classList.remove('blue');
                    else
                        this.classList.add('blue');
                }
            </script>
        </body>
    </html>
```

此案例中鼠标在行上移动或者点击时效果会有变化，效果如图 5-6 所示。

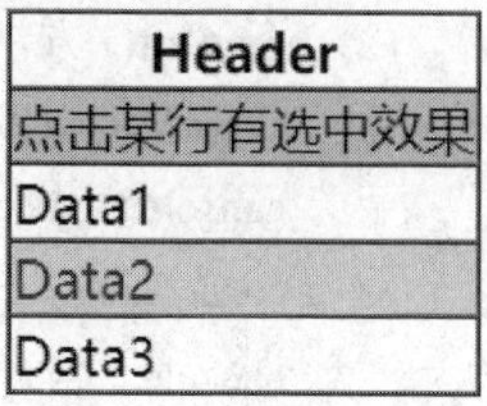

Header
点击某行有选中效果
Data1
Data2
Data3

图 5-6　classList 案例

5. 数据类型转换

1) 转成字符串

(1) 使用对象的 toString() 方法。

例　toString 演示 (toString.html)

```
var arr= [3,5,9];
console.log(arr.toString());          // 结果: 3,5,9
var b=true;
console.log(b.toString());            // 结果: true
var d=20;
console.log(d.toString());            // 结果: 20
console.log(d.toString(10));          // 结果: 20
console.log(d.toString(2));           // 结果: 10100
console.log(d.toString(16));          // 结果: 14
```

数值、布尔值、对象和字符串值都有 toString() 方法，但 null 和 undefined 值没有这个方法。

(2) String() 强制类型转换。

例　String() 演示 (String.html)

```
document.write(String(null)+'<br>');              // 结果: null
document.write(String(true)+'<br>');              // 结果: true
document.write(String(undefined)+'<br>');         // 结果: undefined
document.write(String([1,2,3])+'<br>');           // 结果: 1,2,3
document.write(String({name:'hello'})+'<br>');    // 结果: [object Object]
document.write(String(30)+'<br>');                // 结果: 30
```

这个函数能够将任何类型的值转换为字符串。

(3) 隐式转换。

例　使用 "+" 运算符转换成字符串

```
console.log(typeof(100+" "));
```

2）转为数值类型

（1）Number() 方法。

例　Number() 演示 (Number.html)

```
console.log(Number(true));          // 输出 1
console.log(Number("abc100"));      // 输出 NaN
console.log(Number("100abc"));      // 输出 NaN
```

Number() 可以把任意值转换成数值，如果要转换的字符串中有一个不是数值的字符，则返回 NaN。

（2）parseInt() 方法 (Number.html)。

例　parseInt() 演示 (Number.html)

```
console.log(parseInt(true));        // 输出 NaN
console.log(parseInt("abc100"));    // 输出 NaN
console.log(parseInt("100abc"));    // 输出 100
```

parseInt() 函数在转换字符串时，规则是看其是否符合数值模式。它会忽略字符串前面的空格，直至找到第一个非空格字符。如果第一个字符不是数字字符或者负号，parseInt() 就会返回 NaN，也就是说，用 parseInt() 转换空字符串会返回 NaN(Number() 对空字符返回 0)。如果第一个字符是数字字符，parseInt() 会继续解析第二个字符，直至解析完所有后续的字符或者遇到了一个非数字字符。

（3）parseFloat() 方法。

例　parseFloat() 演示 (Number.html)

```
console.log(parseFloat ("11.8px "));          // 输出 11.8
console.log(parseFloat ("px11.8"));           // 输出 NaN
```

parseFloat() 把字符串转换成浮点数。parseFloat() 和 parseInt() 非常相似，不同之处在于 parseFloat() 会解析第一个，遇到第二个或者非数字结束；如果解析的内容里只有整数，则解析成整数。

（4）隐式转换。

可以使用 *、-、/、++、-- 数学运算符进行隐式转换。

例　数学运算隐式转换为数值 (Number.html)

```
console.log("10"*3);        // 输出 30
console.log(100- "10");     // 输出 90
console.log(100/ "10");     // 输出 10
```

3）转为布尔类型

0、空字符串、null、undefined、NaN 会转换成 false，其他都会转换成 true。

（1）Boolean() 方法。

例　Boolean() 演示 (boolean.html)

```
console.log(Boolean(6));          // 输出 true
console.log(Boolean("false"));    // 输出 true
console.log(Boolean(0));          // 输出 false
```

(2) 隐式转换。

可以使用 !(取反运算符) 和条件表达式进行隐式转换。

例 隐式转换为 Boolean 类型 (boolean.html)

```
var a=6;
var b=null;
var c="";
if(a)            // 此分支执行
{
  console.log("a 当 true 使用 ");
}
if(b)            // 此分支不执行
{
  console.log("b 当 true 使用 ");
}
if(!c)           // 此分支执行
{
  console.log("c 当 false 使用 ");
}
```

6. Audio 音乐播放

1) <audio> 标签

<audio> 标签可以在 HTML5 浏览器中播放音频文件。

例 <audio> 标签的两种使用方式 (audio.html)

```
<!doctype html>
<html>
<head>
<meta charset="utf-8">
<title>audio 标签 </title>
</head>
<body>
  <audio controls>
      <source src="./audioplayer/lxwmm.mp3" type="audio/mpeg">
      您的浏览器不支持 audio 标签。
  </audio>
  <audio controls src="./audioplayer/lxwmm.mp3">
      您的浏览器不支持 audio 标签。
  </audio>
</body>
```

</html>

上面例子的代码在谷歌浏览器中运行，若是不加 controls 属性可能会出现"Provisional headers are shown"的警告。使用 <audio> 标签的优势就是可以借用 HTML5 自带的控制面板。

HTML5 标准中 <audio> 标签的新属性见表 5-1。

表 5-1   HTML5 标准中 <audio> 标签的新属性

属性	值	描　　述
autoplay	autoplay	如果出现该属性，则音频在就绪后马上播放。因为安全原则，有的浏览器已经禁用此属性的效果
controls	controls	如果出现该属性，则向用户显示控件，比如播放按钮
loop	loop	如果出现该属性，则每当音频结束时重新开始播放
muted	muted	规定视频输出应该被静音
preload	preload	如果出现该属性，则音频在页面加载时进行加载，并预备播放。如果使用 autoplay，则忽略该属性
src	url	要播放的音频的 URL

2) 使用 Audio 对象

Audio 对象是 HTML5 中的新对象，表示的是 HTML <audio> 标签，因此 <audio> 标签具有的属性 Audio 对象也有。

Audio 对象有一些比较重要的属性 (见表 5-2)、方法 (见表 5-3) 和事件 (见表 5-4)。

表 5-2   Audio 对象部分属性

属性	描　　述
currentSrc	返回当前音频的 URL
currentTime	设置或返回音频中的当前播放位置 (以秒计)
defaultMuted	设置或返回音频默认是否静音
defaultPlaybackRate	设置或返回音频的默认播放速度
duration	返回音频的长度 (以秒计)
ended	返回音频的播放是否已结束
error	返回表示音频错误状态的 MediaError 对象
paused	设置或返回音频是否暂停
playbackRate	设置或返回音频播放的速度
readyState	返回音频当前的就绪状态
seeking	返回用户当前是否正在音频中进行查找
volume	设置或返回音频的音量

表 5-3　Audio 对象部分方法

方法	描　　述
fastSeek()	在音频播放器中指定播放时间
getStartDate()	返回新的 Date 对象，表示当前时间线偏移量
load()	重新加载音频元素
play()	开始播放音频
pause()	暂停当前播放的音频

表 5-4　Audio 对象的事件

事件	描　　述
canplay	当浏览器可以开始播放媒体时，发生此事件
durationchange	媒体时长改变时发生此事件
ended	在媒体播放到尽头时发生此事件
loadeddata	媒体数据加载后，发生此事件
loadedmetadata	加载元数据 (比如尺寸和持续时间) 时，发生此事件
loadstart	当浏览器开始查找指定的媒体时，发生此事件
pause	当媒体被用户暂停或以编程方式暂停时，发生此事件
play	当媒体已启动或不再暂停时，发生此事件
playing	在媒体被暂停或停止以缓冲后播放时，发生此事件
progress	当浏览器正处于获得媒体数据的过程中时，发生此事件
ratechange	媒体播放速度改变时发生此事件
seeked	当用户完成移动 / 跳到媒体中的新位置时，发生该事件
seeking	当用户开始移动 / 跳到媒体中的新位置时，发生该事件
suspend	当浏览器有意不获取媒体数据时，发生此事件
timeupdate	当播放位置更改时发生此事件
volumechange	当媒体的音量已更改时，发生此事件
waiting	当媒体已暂停但预期会恢复时，发生此事件

例　音频事件 (audioEvent.html)

```
<!doctype html>
<html>
<head>
<meta charset="utf-8">
```

```
        <title> 音频事件 </title>
    </head>

    <body>
        <button id="play"> 播放 </button>
        <button id="pause"> 暂停 </button>
        请观看控制台输出
        <script type="text/javascript">
            var ad= new Audio();
            ad.src="./audioplayer/lxwmm.mp3";
            document.querySelector("#play").onclick=function(){
                ad.play();
            }
            document.querySelector("#pause").onclick=function(){
                ad.pause();
            }
            ad.addEventListener("play",function(){
                console.log("music start to play");
            },false);
            ad.addEventListener("pause",function(){
                console.log("music now paused");
            },false);
        </script>
    </body>
</html>
```

二 案例实现

1. 设计思路

设计上分为上下两部分，上面显示正在播放音乐的音乐名称，并且点击音乐名称位置可选择音乐 (受浏览器限制，本地运行时只能选择网页所在文件夹处的音乐)，音乐名下方为控制面板，面板最左侧可以控制音乐的播放和暂停，中间为音乐播放进度条，右侧为音乐总时长和当前播放位置的信息。

2. 实现步骤

1) 设计页面结构

该案例页面结构设计如图 5-7 所示。

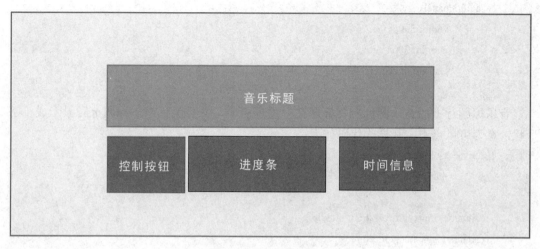

图 5-7 页面结构设计图

从结构上来看，一个盒子包含两行子盒子，第一行子盒子包含两部分可见内容：一个音乐图标和音乐标题，其实还有一个隐藏元素就是文件组件，用于打开文件选择对话框；第二行子盒子包含五部分：一个控制按钮、一个分隔线、进度行、一个分隔线和一个时间信息。其对应的 HTML 代码如下：

```
<div class="audio_panel">
    <div class="adname">
        <img src="images/fg.png">
        <span id="music_title" title=" 点击选择 mp3">
            点击选择 mp3
        </span>
        <input type="file" id="selectmusic" style="display: none">
    </div>
    <div class="control">
        <span id="play" class="pause"></span>
        <span class="sepe"></span>
        <span id="progress">
            <div></div>
        </span>
        <span class="sepe"></span>
        <span class="timer">00:00/00:00</span>
    </div>
</div>
```

此部分结构代码完成后页面效果如图 5-8 所示。

2) 美化元素

整体上内容水平居中，其中文字也是水平居中。其样式代码如下：

♫ 点击选择mp3
00:00/00:00

图 5-8 未加样式的效果图

```
.audio_panel{
    width: 500px;
    margin: 30px auto;
    text-align: center;
}
```

音乐标题行上的音乐图标应与标题文字垂直居中,并且鼠标悬于标题上时显示成小手形状,意为可以点击。其样式代码如下:

```
.adname{
    margin: 50px;
}
.adname>img{vertical-align: middle;}
.adname>span{cursor: pointer;}
```

音乐控制面板中以背景图片布满整个区域,控制面板中的所有子元素水平排列。其样式代码如下:

```
.control{
    height: 37px;
    line-height: 37px;
    background: url(images/bg.png);
    color: white;
    display: flex;
}
```

控制面板中貌似分为三部分,是由两个宽 4 像素的白色竖条状元素分隔开的。其样式代码如下:

```
.sepe{
    width: 4px;
    background: #000;
}
```

以上样式代码完成后,效果如图 5-9 所示。

♫ 点击选择mp3

00:00/00:00

图 5-9 初始添加样式的播放器效果图

可以看出背景最左侧有部分区域比较黑,这是两条分隔线集中在那里的情况,因为这两条分隔线分开的内容区域宽度为 0 造成了这种情况,需要继续完善样式。

播放按钮和暂停按钮共用一个元素,在音乐的不同状态下使用样式控制按钮的外观,即播放状态时显示为两个并列的长方形,暂停状态时显示为一个向右的三角形。其样式代码如下:

```
#play{
        width: 0;
        height: 0;
        margin: 9px 15px;
        cursor: pointer;
}
#play.play{
        border-top: 10px solid transparent;
        border-bottom: 9px solid transparent;
        border-left: 20px solid #F5F2F2;
}
#play.pause{
        width: 10px;
        height: 19px;
        border-top: none;
        border-bottom: none;
        border-left: 5px solid #F5F2F2;
        border-right: 5px solid #F5F2F2;
}
```

进度条是由两层元素实现的，外层元素背景色为透明，内层元素背景色为白色，内层元素宽度的变化展示了音乐的播放进度。其样式代码如下：

```
#progress{
        height: 17px;
        margin: 10px;
        width: 60%;
        background: #000;
}
#progress>div{
        width: 5%;
        background: #F5F2F2;
        height: 100%;
}
.timer{margin-left: 10px;}
```

全部样式代码完成后，效果如图 5-10 所示。

图 5-10　播放器的最终效果图

3) 选择音乐

要打开文件选择对话框必须点击文件组件,但是本案例中它是隐藏的,所以需要模拟点击它。本案例要实现的效果是点击音乐标题打开文件选择对话框,所以要对音乐标题的单击事件进行绑定事件处理程序。

```javascript
var musicTitle=document.querySelector("#music_title");        // 音乐标题
var selectmusic= document.querySelector("#selectmusic");      // file 组件
musicTitle.onclick=function(){
            selectmusic.click();                             // 点击打开选择框
}
```

当选择完音乐后会触发 file 组件的 change 事件,在这个事件中设置 Audio 对象的 src。

```javascript
selectmusic.onchange=function(){
    let ext= this.files[0].name.substr(this.files[0].name.lastIndexOf(".")).toLowerCase();
    if(ext!=".mp3")
    {
        alert(" 请选择 mp3");
        playBtn.onclick=null;
        return;
    }
    myaudio.setAttribute("src", this.files[0].name);
}
var myaudio = new Audio();
```

由于浏览器的安全机制限制,在本地运行时只能选择与网页同目录下的 mp3 文件,在服务器上运行时选择哪里的文件都不行,必须进一步改造。

4) 音乐加载完成时的初始化

选择好正确的音乐文件后,文件加载完成时会触发 Audio 对象的 loadeddata 事件,所以在这个事件中处理音乐初始化的一些状态:

- 按钮显示为待播放状态,即显示为向右的三角形。
- 设置按钮的单击事件。
- 提取音乐文件名,并更新音乐名显示到标题位置。
- 设置进度条为 0%。
- 设置总时长信息。

其代码如下:

```javascript
myaudio.addEventListener("loadeddata",function(e){
        playBtn.className="play";
        //提取音乐名
        let src= this.src;
        let k= src.lastIndexOf("/");
        if(k<0)k= src.lastIndexOf("\\");
```

```
            if(k>=0)
            {
                src= src.substring(k+1);
            }
            musicTitle.innerHTML=decodeURIComponent(src) ;        // 解码汉字
            // 设置进度和总时长
            setProgress();
            // 给按钮添加事件
            playBtn.onclick=function(){
                if(myaudio.paused)
                    myaudio.play();
                else
                    myaudio.pause();
            }
        },false);
        //setProgress 在播放过程中播放进度改变时调用
        function setProgress(){
                    // 设置总时长
                    let sec=parseInt(myaudio.duration%60);
                    let minute= parseInt((myaudio.duration-sec) /60);
                    if(sec<10) sec="0"+sec;
                    if(minute<10) minute="0"+minute;
                    // 当前位置
                    let sec1=parseInt(myaudio.currentTime%60);
                    let minute1= parseInt((myaudio.currentTime-sec1) /60);
                    if(sec1<10) sec1="0"+sec1;
                    if(minute1<10) minute1="0"+minute1;

                    timer.innerText=minute1+":"+sec1+"/"+minute+":"+sec;

                    // 百分比
                    let bfb= myaudio.currentTime / myaudio.duration *100;
                    progress.style.width=parseInt(bfb)+"%";
        }
```

5) 音乐播放时进度的变化

音乐只要在播放，其进度就会前进，就会触发 Audio 对象的 timeupdate 事件，在本案例中的表现就是进度条的变化和当前时间的更新。其代码如下：

```
    myaudio.addEventListener("timeupdate",function(e){
```

```
                setProgress();
        },false);
```

6) 音乐播放结束时状态的变化

当音乐播放结束时 (本案例不是循环播放)，只有一个变化即播放按钮恢复待播放状态，即显示为向右的三角形。其代码如下：

```
        myaudio.addEventListener("ended",function(e){
                playBtn.className="play";
        },false);
```

7) 音乐开始播放和暂停时状态的变化

当音乐开始播放时，按钮显示为待暂停状态 (即显示为两上并列的长方形)；当音乐暂停时按钮显示待播放状态 (即显示为向右的三角形)。其代码如下：

```
        // play() 和 autoplay 开始播放时触发
        myaudio.addEventListener("play",function(e){
                playBtn.className="pause";
        },false);


        // pause() 触发
        myaudio.addEventListener("pause",function(e){
                playBtn.className="play";
        },false);
```

表单验证

▶ 学习目标

- 掌握表单的几个重要事件。
- 能进行表单的有效性验证。
- 掌握 BOM 对象的用法。

▶ 效果讲解演示

在本表单验证实例中，按要求输入内容并失去焦点后，如果内容满足要求则输入框背景会变成绿色渐变背景，如果内容不满足要求则会变成红色渐变背景，全部输入完成后点击"保存"按钮，会再次进行表单数据验证，全部验证通过后可继续提交，否则会提示验证失败的信息。表单验证页面如图 6-1 所示。

图 6-1　表单验证页面

一　知　识　链　接

1. 表单的 submit 事件

表单提交是指把用户在表单中输入的数据提交给服务器上某个动态脚本文件。表单数据提交的这个动作就是表单提交事件，即 submit 事件。

submit 事件的主要作用就是在真正提交给服务器前对数据进行有效性验证，过滤掉不符合要求的数据，减轻服务器的负担。

submit 事件触发的方式有点击提交按钮和调用表单的 submit 方法。

1）点击提交按钮

例　以提交按钮触发 submit 事件 (form_submit1.html)

```
<!DOCTYPE html>
<html>
  <head>
```

```
        <meta charset="utf-8">
        <title> 表单 submit 事件演示 </title>
    </head>
    <body>
        <form action="#" method="post" onsubmit="return checkForm();">
            <input type="submit" value=" 我是提交按钮 "/>
        </form>
        <script>
        function checkForm(){
            alert(' 你触发我了 ');
            return true;
        }
        </script>
    </body>
</html>
```

例 以提交按钮触发 submit 事件 (form_submit2.html)

```
<!DOCTYPE html>
<html>
    <head>
        <meta charset="utf-8">
        <title> 表单 submit 事件演示 </title>
    </head>
    <body>
        <form action="#" method="post">
            <button type="submit"> 我是提交按钮 </button>
            <button> 我也是提交按钮 </button>
        </form>
        <script>
        document.querySelector('form').onsubmit=checkForm;
        function checkForm(){
        alert(' 你触发我了 ');
        return true;
        }
        </script>
    </body>
</html>
```

2) 调用表单的 submit 方法

例 以 submit() 方法触发 submit 事件 (form_submit3.html)

```
<!DOCTYPE html>
```

```
<html>
    <head>
        <meta charset="utf-8">
        <title> 表单 submit 事件演示 </title>
    </head>
    <body>
        <form action="#" method="post">
            <input type="text" />
        </form>
        <button type="button"> 我不是提交按钮，也能提交 </button>
        <script>
        document.querySelector('form').onsubmit=checkForm;
        function checkForm(){
            alert(' 你触发我了 ');
            return true;
        }
        document.querySelector('button[type=button]').onclick=function(){
            document.querySelector('form').onsubmit();
        }
        </script>
    </body>
</html>
```

表单提交的过程可以用如图 6-2 所示的流程图表示。

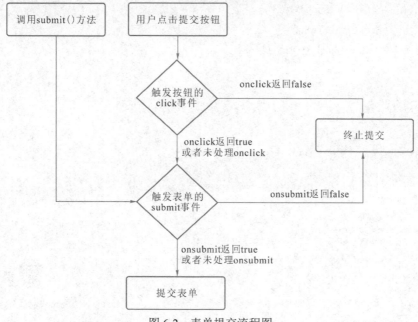

图 6-2 表单提交流程图

从流程图中可以看出，表单验证的时机是在表单提交前的提交按钮的 onclick 事件或者表单的 onsubmit 事件触发时，验证通过返回 true，验证不通过返回 false。

2. 表单的 focus 和 blur 事件

所谓焦点，就是激活表单字段，使其可以响应键盘事件。

在 JavaScript 中，焦点处理主要包括获取焦点 (focus) 事件和失去焦点 (blur) 事件两种类型。

当用户点击表单字段或按 Tab 键时表单元素会获得焦点，也可以由 autofocus 属性设置元素获取默认焦点。获得焦点通常意味着准备在这里接收数据。因此，此时可以写代码实现初始化或加载工作。

当用户点击页面的其他位置或者按下 Tab 键时，也可以使当前具有焦点的表单元素失去焦点。失去焦点的时刻可能更重要，因为失去焦点意味着数据输入已经完成，可以运行代码检查输入的数据或者保存数据到服务器等。

返回值：指定属性的值。

例 焦点的获得与失去 (focus_blur.html)

```
<!DOCTYPE html>
<html>
  <head>
    <meta charset="utf-8">
    <title> 焦点的获得与失去 </title>
    <style>
    input{
        padding: 5px;
        outline: none;
        display: block;
        margin: 5px;
    }
    input:focus{
        border-color: #0099FF;
    }
    </style>
  </head>
  <body>
    <input value=" 失去焦点中 ..."/>
    <input autofocus="autofocus" value=" 获得焦点中 ..."/>
    <input type="button" value=" 来啊，点一下 " />

    <script>
    document.querySelector("input[type=button]").onclick=function(){
```

```
                document.querySelector("input").focus();
            }
        document.querySelectorAll("input")[0].onfocus=function(){
            this.value=" 获得焦点中 ...";
        }
        document.querySelectorAll("input")[0].onblur=function(){
            this.value=" 失去焦点中 ...";
        }
        document.querySelectorAll("input")[1].onfocus=function(){
            this.value=" 获得焦点中 ...";
        }
        document.querySelectorAll("input")[1].onblur=function(){
            this.value=" 失去焦点中 ...";
        }
        </script>
    </body>
</html>
```

3. 正则表达式

正则表达式 (Regular Expression) 是使用单个字符串来描述、匹配一系列符合某个句法规则的字符串。它的作用是文本搜索和文本替换。

语法格式：

```
        var ptn= / 正则表达式主体 / 修饰符 ( 可选 )
或
        var ptn= new RegExp( 正则表达式主体 , [ 修饰符 ])
```

例　正则表达式演示 (Regexp1.html)

```
        <!DOCTYPE html>
        <html>
            <head>
                <meta charset="utf-8">
                <title> 正则表达式演示 </title>
            </head>
            <body>
                <script>
                    var str ="Hello Javascript";
                    var pos= str.search(/java/i);
                    console.log(pos);
                </script>
            </body>
```

</html>

上面实例中，"/java/i" 是一个正则表达式，其中，"java" 是正则表达式的主体，"i"是修饰符。

search() 方法用于检索字符串中指定的子字符串，或检索与正则表达式相匹配的子字符串，并返回子字符串的起始位置。

正则表达式中修饰符的解释见表 6-1，元字符的解释见表 6-2，量词的解释见表 6-3，其他字符的解释见表 6-4。

表 6-1　修饰符

修饰符	描　　述
i	匹配时忽略大小写
g	查找到所有匹配的结果
m	多行匹配
y	也是全局匹配，后一次匹配都从上一次匹配成功的下一个位置开始
u	"Unicode 模式"，用来正确处理大于 \uFFFF 的 Unicode 字符。也就是说，会正确处理四个字节的 UTF-16 编码

表 6-2　元字符

元字符	描　　述
.	匹配单个字符，除了换行符和行结束符
\w	匹配单词字符
\W	匹配非单词字符
\d	匹配数字
\D	匹配非数字字符
\s	匹配空白字符
\S	匹配非空白字符
\b	匹配单词边界
\B	匹配非单词边界
\0	匹配 NUL 字符
\n	匹配换行符
\f	匹配换页符
\r	匹配回车符
\t	匹配制表符
\v	匹配垂直制表符
\xxx	匹配以八进制数 xxx 规定的字符

续表

元字符	描　　述
\xdd	匹配以十六进制数 dd 规定的字符
\uxxxx	匹配以十六进制 xxxx 规定的 Unicode 字符
^	匹配字符串的开始位置
$	匹配字符串的结束位置

表 6-3　量词

量词	描　　述
n+	匹配任何包含至少一个 n 的字符串
n*	匹配任何包含零个或多个 n 的字符串
n?	匹配任何包含零个或一个 n 的字符串
n{x}	匹配包含 x 个 n 的序列的字符串
n{x,y}	匹配包含最少 x 个、最多 y 个 n 的序列的字符串
n{x,}	匹配包含至少 x 个 n 的序列的字符串

表 6-4　其他字符

表达式	描　　述
x | y	匹配 x 或者 y
[xyz]	匹配 x、y、z 中的任意一个字符
[a-z]	匹配 a ～ z 中的任意一个字符
( )	将括号里面的字符作为整体进行匹配，括号里面的内容是一个子表达式或者分组
?:	匹配冒号后的内容，但是不获取匹配结果；不进行存储，供以后使用

正则表达式通常用于字符串方法（如 search()、replace()、match()）和正则表达式方法（如 test()、exec()）中。

(1) search() 方法：以正则表达式作为参数，返回第一个与之匹配的子字符串开始的位置。如果没有任何与之匹配的子字符串，则返回 –1。

(2) replace() 方法：执行检索和替换操作，它的第一个参数是正则表达式，第二个参数是要进行替换的字符串或者闭包。

例　正则表达式 replace(Regexp2.html)

```
var str ="I love you, Lucy!";
var reg = new RegExp("L(?:\\w)+","");
// reg=/L(?:\w)+!/;
var newstr= str.replace(reg,"Lilith");
console.log(newstr);
```

注意：在正则表达式中 \w 代表单词字符，而在使用 RegExp 对象创建正则表达式时，在引号中 \w 应该写成 \\w，其他量词也要这样写，因为 \ 需要转义。

(3) match() 方法：唯一一个参数是正则表达式，如果没有找到任何匹配的文本，match() 将返回 null，否则它将返回一个数组，其中存放了与它找到的匹配文本有关的信息。如果正则表达式包含了标志 g，那么返回的数据中包含了所有匹配文本的信息；如果该正则表达式不包含标志 g，则数组中只是包含第一次匹配的字符串的信息。

注意：在全局检索模式下，match() 既不提供与子表达式匹配的文本的信息，也不声明每个匹配子字符串的位置。如果需要这些全局检索的信息，则可以使用 RegExp.exec()。

例　正则表达式 match(Regexp3.html)

```
var str ="I love you Lucy!";
var reg = new RegExp("l\\w+","ig");
console.log(str.match(reg));
```

(4) test() 方法：用于检测一个字符串是否匹配某个模式，如果字符串中含有匹配的文本，则返回 true，否则返回 false。

例　正则表达式 test(Regexp4.html)

```
var str ="I love you, Lucy!";
var reg = new RegExp();
reg.compile("\\s\\w{4}\\s","g")
console.log(reg.test(str));


var reg1 = new RegExp();
reg1.compile("\\s\\w{3}\\s","g")
console.log(reg1.test(str));


var reg2 = new RegExp();
reg2.compile("\\s\\w{2}\\s","g")
console.log(reg2.test(str));
```

注意：compile 方法把正则表达式编译为内部格式，从而执行得更快。

(5) exec() 方法：用正则表达式模式在字符串中运行查找，并返回包含查找结果的一个数组。如果未找到匹配的结果，则返回值为 null。

例　正则表达式 exec(Regexp5.html)

```
var str ="I love you, Lucy !";
var reg = new RegExp("\\s\\w{4}\\s","");
console.log(reg.exec(str));
console.log(reg.exec(str));


var reg1 = new RegExp("\\s\\w{4}\\s","g");
console.log(reg1.exec(str));
console.log(reg1.exec(str));
```

此实例中前两次输出的结果一样，都是 love；后两次输出的结果不一样，是 love 和 Lucy。这是因为 exec() 方法受参数 g 的影响。若未指定 g，则每次都从字符串的头部查找；若指定了 g，则下次调用 exec() 时，会从上个匹配的 lastIndex 开始查找。

4. Date 对象

Date 对象用于处理日期和时间。

创建 Date 对象的语法有以下几种：

(1) new Date()：返回此时的本地日期时间的 Date 对象。

```
let d = new Date();
console.log(d);
```

new Date(毫秒数)：返回一个通过毫秒数转变的 Date 对象。

```
var d1 = new Date(1000 * 60 * 1);    // 返回相比标准时间点前进了 1 分钟的 Date 对象
console.log(d1);          // 输出 Thu Jan 01 1970 08:01:00 GMT+0800 ( 中国标准时间 )，因为是
                          // 在中国，所以是以东八区作为标准时间点的
d1 = new Date(-1000 * 3600 * 24);    // 返回相比标准时间点倒退了 1 天的 Date 对象
console.log(d1);          // 输出 Wed Dec 31 1969 08:00:00 GMT+0800 ( 中国标准时间 )
```

(2) new Date(format 字符串)：返回一个通过字符串转变的 Date 对象。

format 字符串的格式主要有以下两种：

① "yyyy/MM/dd HH:mm:ss" (推荐方式)：若省略时间，则返回的 Date 对象的时间为 00:00:00。

② "yyyy-MM-dd HH:mm:ss"：若省略时间，则返回的 Date 对象的时间为 08:00:00(加上本地时区)。若不省略时间，则此字符串在 IE 中会报错。

```
var dt = new Date('2022/04/25');
console.log(dt);
dt = new Date('2022/04/25 12:00:00');
console.log(dt);


dt = new Date('2022-04-25');
console.log(dt);
dt = new Date('2022-04-25 12:00:00');
console.log(dt);
```

(3) new Date(year, month, day, hours, minutes, seconds, milliseconds)：把年、月、日、时、分、秒、毫秒转变成 Date 对象。

其中：

year：整数，4 位或者 2 位数字。如：4 位数字 1999 表示 1999 年，2 位数字 97 表示 1997 年。

month：整数，2 位数字。从 0 开始计算，0 表示 1 月份，11 表示 12 月份。

day：整数，可选，2 位数字。

hours：整数，可选，2 位数字，范围为 0 ~ 23。

minutes：整数，可选，2 位数字，范围为 0 ～ 59。

seconds：整数，可选，2 位数字，范围为 0 ～ 59。

milliseconds：整数，可选，范围为 0 ～ 999。

```
var dt = new Date(2022, 03);              // 2022 年 4 月
console.log(dt);
dt = new Date(2022, 3, 25);               // 2022 年 4 月 25 日
console.log(dt);
dt = new Date(2022, 3, 25, 15, 30, 40);   // 2022 年 4 月 25 日 15 点 30 分 40 秒
console.log(dt);
```

Date 对象的常用方法见表 6-5。

表 6-5　Date 对象的常用方法

方法	描　述
getDate()	从 Date 对象返回一个月中的某一天 (1 ～ 31)
getDay()	从 Date 对象返回一周中的某一天 (0 ～ 6)
getFullYear()	从 Date 对象返回 4 位数字年份
getHours()	返回 Date 对象的小时 (0 ～ 23)
getMilliseconds()	返回 Date 对象的毫秒 (0 ～ 999)
getMinutes()	返回 Date 对象的分钟 (0 ～ 59)
getMonth()	从 Date 对象返回月份 (0 ～ 11)
getSeconds()	返回 Date 对象的秒数 (0 ～ 59)
getTime()	返回 1970 年 1 月 1 日至今的毫秒数
parse()	返回 1970 年 1 月 1 日午夜到指定日期 (字符串) 的毫秒数
setDate()	设置 Date 对象中月的某一天 (1 ～ 31)
setFullYear()	设置 Date 对象中的年份 (4 位数字)
setHours()	设置 Date 对象中的小时 (0 ～ 23)
setMilliseconds()	设置 Date 对象中的毫秒 (0 ～ 999)
setMinutes()	设置 Date 对象中的分钟 (0 ～ 59)
setMonth()	设置 Date 对象中的月份 (0 ～ 11)
setSeconds()	设置 Date 对象中的秒钟 (0 ～ 59)
setTime()	以毫秒设置 Date 对象
toDateString()	把 Date 对象的日期部分转换为字符串
toString()	把 Date 对象转换为字符串
toTimeString()	把 Date 对象的时间部分转换为字符串

例　date 对象 (date.html)

```
let weekArr = [' 星期日 ',' 星期一 ',' 星期二 ',' 星期三 ',' 星期四 ',' 星期五 ',' 星期六 '];
var d= new Date();
```

```
        console.log(weekArr[d.getDay()]);

        Date.prototype.Format = function (fmt) {
            var o = {
                "M+": this.getMonth() + 1,              // 月份
                "d+": this.getDate(),                    // 日
                "h+": this.getHours(),                   // 小时
                "m+": this.getMinutes(),                 // 分
                "s+": this.getSeconds(),                 // 秒
                "q+": Math.floor((this.getMonth() + 3) / 3),  // 季度
                "S": this.getMilliseconds()              // 毫秒
            };
            if (/(y+)/.test(fmt)) fmt = fmt.replace(RegExp.$1, (this.getFullYear() + "").substr(4 -
RegExp.$1.length));
            for (var k in o)
            if (new RegExp("(" + k + ")").test(fmt)) fmt = fmt.replace(RegExp.$1, (RegExp.$1.length == 1)
? (o[k]) : (("00" + o[k]).substr(("" + o[k]).length)));
            return fmt;
        }
        // 调用：
        var time1 = new Date().Format("yyyy-MM-dd");
        var time2 = new Date().Format("yyyy-MM-dd hh:mm:ss");
        console.log(time1);
        console.log(time2);
```

5. Math 对象

Math 对象用于进行数学运算。它和其他的对象不同，它只是一个普通对象，不是一个构造函数，因此使用时不用实例化。Math 对象的一些重要属性见表 6-6，重要方法见表 6-7。

表 6-6　Math 对象的重要属性

属性	描　述
E	返回算术常量 e，即自然对数的底数 (约等于 2.718)
LN2	返回 2 的自然对数 (约等于 0.693)
LN10	返回 10 的自然对数 (约等于 2.302)
LOG2E	返回以 2 为底的 e 的对数 (约等于 1.443)
LOG10E	返回以 10 为底的 e 的对数 (约等于 0.434)
PI	返回圆周率 (约等于 3.142)
SQRT2	返回 2 的平方根 (约等于 1.414)

表 6-7　Math 对象的重要方法

方法	描　　述
abs(x)	返回 x 的绝对值
acos(x)	返回 x 的反余弦值
asin(x)	返回 x 的反正弦值
atan(x)	以介于 −PI/2 与 PI/2 弧度之间的数值返回 x 的反正切值
atan2(y,x)	返回从 x 轴到点 (x,y) 的角度（介于 −PI/2 与 PI/2 弧度之间）
ceil(x)	对 x 进行上舍入
cos(x)	返回数的余弦
exp(x)	返回 E^x 的指数
floor(x)	对 x 进行下舍入
log(x)	返回数的自然对数（底为 e）
max(x,y,z,...,n)	返回 x,y,z,...,n 中的最大值
min(x,y,z,...,n)	返回 x,y,z,...,n 中的最小值
pow(x,y)	返回 x 的 y 次幂
random()	返回 0 ～ 1 之间的随机数
round(x)	四舍五入
sin(x)	返回数的正弦值
sqrt(x)	返回数的平方根
tan(x)	返回角的正切值

例　Math 对象演示 (math.html)

```html
<!DOCTYPE html>
<html>
  <head>
    <meta charset="utf-8">
    <title>math 对象 </title>
  </head>
  <body>
    <script type="text/javascript">
        console.log(Math.abs('123'));            // => 123（纯数字字符串）
        console.log(Math.abs('-123'));           // => 123
        console.log(Math.abs(123));              // => 123
        console.log(Math.abs(-123));             // => 123
        console.log(Math.abs('123a'));           // => NaN（非纯数字字符串）
        console.log(Math.ceil(2.7));             // => 3
        console.log(Math.ceil(2.3));             // => 3 (2.3 向上取整返回 3)
        console.log(Math.ceil(-2.7));            // => -2
```

```
        console.log(Math.ceil(-2.3));                // => -2
        console.log(Math.ceil('2.7'));               // => 3（纯数字字符串）
        console.log(Math.ceil('2.7a'));              // => NaN（非纯数字字符串）
        console.log(Math.floor(2.7));                // => 2
        console.log(Math.floor(2.3));                // => 2
        console.log(Math.floor(-2.7));               // => -3 (-2.7 向下取整返回 -3)
        console.log(Math.floor(-2.3));               // => -3
        console.log(Math.floor('2.7'));              // => 2（纯数字字符串）
        console.log(Math.floor('2.7a'));             // => NaN（非纯数字字符串）
        console.log(Math.max(1, 2, 3, 4, 5));        // => 5
        console.log(Math.max(1, 2, 3, 4, '5' ));     // => 5
        console.log(Math.max(1, 2, 3, 4, 'a'));      // => NaN
        console.log(Math.min(1, 2, 3, 4, 5));        // => 1
        console.log(Math.min('1', 2, 3, 4, 5));      // => 1
        console.log(Math.min(1, 2, 3, 4, 'a'));      // => NaN
        console.log(Math.pow(2, 3));                 // => 8 (2 的 3 次方)
        console.log(Math.pow(3, 2));                 // => 9 (3 的 2 次方)
        console.log(Math.pow('4', 2));               // => 16 (4 的 2 次方)
        console.log(Math.pow('2a', 2));              // => NaN
        console.log(Math.round(2.5));                // => 3（向上四舍五入）
        console.log(Math.round(2.4));                // => 2
        console.log(Math.round(-2.6));               // => -3
        console.log(Math.round(-2.5));               // => -2（向上四舍五入）
        console.log(Math.round(-2.4));               // => -2
        console.log(Math.round('2.7'));              // => 3（纯数字字符串）
        console.log(Math.round('2.7a'));             // => NaN（非纯数字字符串）
        console.log( Math.sqrt(9) );                 // => 3
        console.log( Math.sqrt('b') );               // => NaN
    </script>
  </body>
</html>
```

例　随机生成颜色 (mathColor.html)

```
<!DOCTYPE html>
<html>
  <head>
      <meta charset="utf-8">
      <title>math 对象 </title>
  </head>
  <body>
```

```
        <button> 变色 </button>
        <script type="text/javascript">
            var chr=['0','1','2','3','4','5','6','7','8','9','A','B','C','D','E','F'];
            document.querySelector('button').onclick=function(){
                let color="#";
                for(let i=0;i<6;i++)
                {
                    let index = Math.floor(Math.random()* chr.length);
                    color +=chr[index];
                }
                document.body.style.backgroundColor=color;
            }
        </script>
    </body>
</html>
```

6. BOM 对象

BOM(Browser Object Model，浏览器对象模型) 提供了可以与浏览器窗口进行互动的对象。BOM 由多个对象构成，其中代表浏览器窗口的 window 对象是 BOM 的顶层对象，其他对象都是该对象的子对象。

BOM 的对象包括：

(1) window 对象：JS 的最顶层对象，其他的 BOM 对象都是 window 对象的属性。window 对象是客户端 JavaScript 的全局对象，一个 window 对象实际上就是一个独立的窗口，浏览器窗口每个框架都包含一个 window 对象。

(2) document 对象：文档对象。

(3) location 对象：浏览器当前的 URL 信息，它的重要属性见表 6-8。

表 6-8   location 对象的重要属性

属性	说　　明
href	声明了当前显示文档的完整 URL，把该属性设置为新的 URL 会使浏览器跳转到新的网址并显示新内容
protocol	声明了 URL 的协议部分，包括后缀的冒号，例如 "http:"
host	声明了当前 URL 中的主机名和端口部分，例如 "www. baidu.cn:80"
hostname	声明了当前 URL 中的主机名，例如 "www.baidu.cn"
port	声明了当前 URL 的端口部分，例如 "80"
pathname	声明了当前 URL 的路径部分，例如 "news/index.php"
search	声明了当前 URL 的查询部分，包括前导问号，例如 "?id=1000&name=xxw"
hash	声明了当前 URL 中的锚部分，包括前导符 (#)，例如 "#top"，其中 top 指在文档中锚点标记的名称

例 location 对象演示 (location.html)

```html
<!DOCTYPE html>
<html>
  <head>
      <meta charset="utf-8">
      <title>location 对象 </title>
  </head>
  <body>
      <button> 打开百度 </button>
      <script type="text/javascript">
          document.querySelector("button").onclick=function(){
              window.location.href="http://www.baidu.com";
          }
      </script>
  </body>
</html>
```

(4) navigator 对象：存储了与浏览器相关的基本信息，如名称、版本、系统等。

例 navigator 对象演示 (navigator.html)

```javascript
var ua = navigator.userAgent.toLowerCase();          // 获取用户端信息
var binfo = {
        ie : /msie/ .test(ua) && !/opera/ .test(ua),         // 匹配 IE 浏览器
        op : /opera/ .test(ua),                              // 匹配 Opera 浏览器
        sa : /version.*safari/.test(ua),                     // 匹配 Safari 浏览器
        ch : /chrome/.test(ua),                              // 匹配 Chrome 浏览器
        ff : /gecko/.test(ua) && !/webkit/.test(ua)          // 匹配 Firefox 浏览器
};
(binfo.ie) && console.log("IE 浏览器 ");
(binfo.op) && console.log("Opera 浏览器 ");
(binfo.sa) && console.log("Safari 浏览器 ");
(binfo.ch) && console.log("Chrome 浏览器 ");
(binfo.ff) && console.log("Firefox 浏览器 ");
```

(5) screen 对象：客户端屏幕信息。

例 screen 对象演示 (screen.html)

```html
<!DOCTYPE html>
<html>
  <head>
      <meta charset="utf-8">
      <title>screen 对象 </title>
  </head>
```

```
<body>
    <script type="text/javascript">
        document.writeln(' 总高度 :' + screen.height + '<br>');
        document.writeln(' 总宽度 :' + screen.width + '<br>');
        document.writeln(' 不包括任务栏的高度 :' + screen.availHeight + '<br>');
        document.writeln(' 不包括任务栏的宽度 :' + screen.availWidth + '<br>');
        document.writeln(' 屏幕的颜色分辨率 :' + screen.pixelDepth);

    </script>
</body>
</html>
```

(6) history 对象：浏览器访问历史信息。

例　history 对象演示 (history.html)

```
<!DOCTYPE html>
<html>
    <head>
        <meta charset="utf-8">
        <title>history 对象 </title>
    </head>
    <body>
        <button> 前进 </button>
        <script type="text/javascript">
            document.querySelector("button").onclick=function(){
                history.go(1);
                history.back();
                history.forward();
            }
        </script>
    </body>
</html>
```

二　案　例　实　现

1. 设计思路

　　表单验证是 Web 前端的重要内容，实现表单验证的方式有多种，比如：HTML5 的新属性支持表单验证；使用 JS 可以实现表单验证；使用 jquery 或者其他框架也可以实现表单验证。基于本书内容，本案例使用 JS 实现表单验证。使用 JS 也有两种方式：一是使用正则表达式验证；二是使用其他一些对字符串的操作方法来验证。使用正则表达式相对来说实现起来更简单，所以本案例采用这种方式。

2. 实现步骤

1) 设计页面结构

本案例的表单中包含六个表单元素验证：字符串格式、电话格式、年龄格式、电子邮箱格式、身份证号格式和日期格式。这些验证包括了平常使用场景中的大部分要求。其对应的 HTML 代码如下：

```
<form action="#" method="get">
<h3> 联系人 </h3>
<div class="items">
    <div>
        <span class="label"> 姓名： </span>
        <input name="name" placeholder=" 以字母开头，长度为 4-8 位 " autocomplete="off">
    </div>
    <div>
        <span class="label"> 电话： </span>
        <input name="phone" placeholder=" 固话或手机 " autocomplete="off">
    </div>
    <div>
        <span class="label"> 年龄： </span>
        <input name="age" placeholder=" 年龄区间：18-38" autocomplete="off">
    </div>
    <div>
        <span class="label"> 电子邮箱： </span>
        <input name="email" autocomplete="off">
    </div>
    <div>
        <span class="label"> 身份证号： </span>
        <input name="idno" autocomplete="off">
    </div>
    <div>
        <span class="label"> 日期： </span>
        <input name="date" placeholder="格式：xxxx-xx-xx 或 xxxx/xx/xx 1980-2019"
autocomplete="off">
    </div>
</div>
<div class="save">
    <button> 保存 </button>
</div>
```

```
</form>
```

此部分代码完成后，效果如图 6-3 所示。

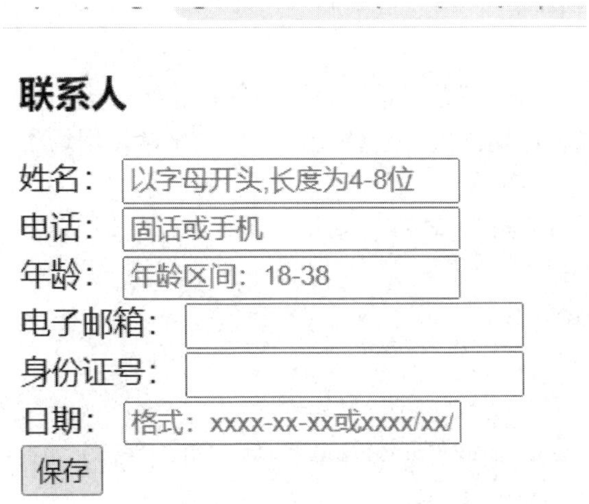

联系人

姓名： 以字母开头,长度为4-8位

电话： 固话或手机

年龄： 年龄区间: 18-38

电子邮箱：

身份证号：

日期： 格式: xxxx-xx-xx或xxxx/xx/

保存

图 6-3 表单未加样式的效果图

2) 美化元素

整体上来说表单占据浏览器窗口的大部分空间，但是又不铺满，整体是水平居中效果。其样式代码如下：

```
*{box-sizing: border-box;}
form{
    width: 80%;
    box-shadow: 0 2px 3px 2px #ddd;
    margin: auto;
}
```

表单的标题显示在表单的左上角位置，字体加粗且有一个小图标显示。其代码如下：

```
h3{
    padding: 5px 20px;
    border-bottom: 1px solid #ddd;
    background: url(images/edit.png) no-repeat;
    background-size: 12px 18px;
    background-position: 5px 9px;
}
```

本案例采用自适应效果：在大尺寸显示时一行显示两个表单元素，每个表单的标签文字右对齐；在小尺寸显示时一行显示一个表单元素。其代码如下：

```
div.items{
    display: flex;
    flex-wrap: wrap;
    padding: 10px 30px;
```

```
        }
        div.items>div{
            width: 50%;
            padding: 5px;
            display: flex;
            line-height: 26px;
        }
        div.items>div>.label{
            text-align: right;
            min-width: 100px;
        }
        div.items>div>input{
            flex-grow: 1;
            border: 1px solid #ddd;
        }
        @media screen and (max-width:768px){
            body{font-size: 0.8rem;}
            div.items>div{
                width: 100%;
            }
            div.items{
                padding: 10px 5px;
            }
            div.items>div>.label{
                min-width: 60px;
            }
        }
```

提交按钮默认为灰色背景色，鼠标悬停时为浅蓝色背景色。其代码如下：

```
        div.save{
            padding: 20px;
            text-align: center;
        }
        div.save button{
            background: #ddd;
            padding: 10px 30px;
            border: none;
            cursor: pointer;
            color: #fff;
        }
```

```
div.save button:hover{
    background: #0099FF;
}
```

表单元素默认没有输入焦点框，验证通过的元素背景色为绿色渐变色，验证失败的元素背景色为红色渐变背景色。其代码如下：

```
input.pass{
    background:linear-gradient(to right, #009933, #00FF99) !important;
}
input.error{
    background:linear-gradient(to right, red, #FF9966) !important;
}
input{outline: none;}
```

样式完成后页面的效果如图 6-4 和图 6-5 所示。

图 6-4 小屏幕时的效果图

图 6-5 大屏幕时的效果图

3) 获取所有需要操作的元素

因为在多个方法中都要对表单元素进行操作，所以需要提前获取这些元素。其代码如下：

· 148 ·

```
var userName=document.querySelector('input[name=name]');
var userPhone=document.querySelector('input[name=phone]');
var userAge=document.querySelector('input[name=age]');
var userMail=document.querySelector('input[name=email]');
var userDate=document.querySelector('input[name=date]');
var userId=document.querySelector('input[name=idno]');
```

4) 表单元素获得焦点

每个表单元素获得焦点时应自动选择全部内容，这样有利于修改它的值，提升用户体验。其代码如下：

```
// 获得焦点
userName.onfocus=inputFocus;
userPhone.onfocus=inputFocus;
userAge.onfocus=inputFocus;
userMail.onfocus=inputFocus;
userId.onfocus=inputFocus;
userDate.onfocus=inputFocus;

function inputFocus(){
    // 自动获得焦点，并选中所有文本
    this.focus();
    this.selectionStart=0;
    this.selectionEnd=this.value.length;
}
```

5) 各表单元素失去焦点

各表单元素失去焦点时，使用正则表达式对输入的内容进行验证，验证通过的背景色变为绿色渐变效果，验证失败的背景色变为红色渐变效果，以形成鲜明的对比，让用户对验证结果一目了然。其代码如下：

```
// 用户名失去焦点
userName.onblur=function(e){
    var nameRule=/^[a-zA-Z](\w{3,7})$/;
    var nameValue= userName.value;
    if(nameRule.exec(nameValue) ==null)
    {
        userName.className="error";
    }
    else
        userName.className="pass";
}
```

```javascript
// 电话号码失去焦点
userPhone.onblur=function(e){
    // 电话 :010-1234567,0538-12345678
    // 手机 :11 位，且指定号段
    var phoneRule1 = new RegExp(/^0(\d{2}|\d{3})-\d{7,8}$/);
    var phoneRule2 = new RegExp(/^1(3\d|4[5-9]|5[0-35-9]|6[567]|7[0-8]|8\d|9[0-35-9])\d{8}$/);
    if(!phoneRule1.test(userPhone.value) && !phoneRule2.test(userPhone.value))
    {
        userPhone.className="error";
    }
    else
        userPhone.className="pass";
}
// 年龄失去焦点
userAge.onblur=function(e){
    // 年龄 18-38
    var ageRule= /1[89]|2[0-9]|3[0-8]/;
    if(!ageRule.test(userAge.value))
    {
        userAge.className="error";
    }
    else
        userAge.className="pass";
}
// 电话号码失去焦点
userPhone.onblur=function(e){
    // 电话 :010-1234567,0538-12345678
    // 手机 :11 位，且指定号段
    var phoneRule1 = new RegExp(/^0(\d{2}|\d{3})-\d{7,8}$/);
    var phoneRule2 = new RegExp(/^1(3\d|4[5-9]|5[0-35-9]|6[567]|7[0-8]|8\d|9[0-35-9])\d{8}$/);
    if(!phoneRule1.test(userPhone.value) && !phoneRule2.test(userPhone.value))
    {
        userPhone.className="error";
    }
    else
        userPhone.className="pass";
}
// 电子邮箱失去焦点
userMail.onblur=function(e){
```

```
        var
mailRule=/^[a-z]([a-z0-9]*[-_]?[a-z0-9]+)*@([a-z0-9]*[-_]?[a-z0-9]+)+[\.][a-z]{2,3}([\.][a-z]{2})?$/i;
        if(!mailRule.test(userMail.value))
        {
            userMail.className="error";
        }
        else
            userMail.className="pass";
    }
    // 身份证号失去焦点
    userId.onblur=function(e){
        var
userIdRule=/^[1-9]\d{5}(18|19|20|(3\d))\d{2}((0[1-9])|(1[0-2]))(([0-2][1-9])|10|20|30|31)\d{3}[0-9Xx]$/;
        if(!userIdRule.test(userId.value))
        {
            userId.className="error";
        }
        else
            userId.className="pass";
    }
    // 日期失去焦点
    userDate.onblur=function(e){
        // 日期：19xx 或 20xx ,1980-2019
        var
dateRule=/^(19[89][0-9]|20[01][0-9])[-/](0[1-9]|1[0-2])[-/](0[1-9]|[12][0-9]|3[01])/;
        if(!dateRule.test(userDate.value))
        {
            userDate.className="error";
        }
        else
            userDate.className="pass";
    }
```

6) 表单提交事件

虽然各表单元素在失去焦点时已经验证过，但是并不能代替提交时的验证。表单提交数据，即点击提交按钮时，先要进行一次表单验证，以保证提交数据的有效性。其代码如下：

```
document.querySelector("form").onsubmit=validate1;
function validate1(){
```

```javascript
// 验证用户名：以字母开头，长度为 4 ～ 8
var nameRule=/^[a-zA-Z](\w{3,7})$/;
var nameValue= userName.value;
if(nameRule.exec(nameValue) ==null)
{
    alert(" 用户名：以字母开头，长度为 4-8");
    return false;
}
// 电话 :010-1234567,0538-12345678
// 手机 :11 位，且指定号段
var phoneRule1 = new RegExp(/^0(\d{2}|\d{3})-\d{7,8}$/);
var phoneRule2 = new RegExp(/^1(3\d|4[5-9]|5[0-35-9]|6[567]|7[0-8]|8\d|9[0-35-9])\d{8}$/);
if(!phoneRule1.test(userPhone.value) && !phoneRule2.test(userPhone.value)){
    alert(" 电话号码格式错误 ");
    return false;
}
// 年龄 18 ～ 38
var ageRule= /1[89]|2[0-9]|3[0-8]/;
if(!ageRule.test(userAge.value)){
    alert(" 年龄在 18-38 之间 ");
    return false;
}
// 电子邮箱
var
mailRule=/^[a-z]([a-z0-9]*[-_]?[a-z0-9]+)*@([a-z0-9]*[-_]?[a-z0-9]+)+[\.][a-z]{2,3}([\.][a-z]{2})?$/i;
if(!mailRule.test(userMail.value)){
    alert(" 电子邮箱格式错误 ");
    return false;
}

var
userIdRule=/^[1-9]\d{5}(18|19|20|(3\d))\d{2}((0[1-9])|(1[0-2]))(([0-2][1-9])|10|20|30|31)\d{3}[0-9Xx]$/;
if(!userIdRule.test(userId.value)){
    alert(" 身份证格式错误 ");
    return false;
}
// 日期 : 19xx 或 20xx ,1980-2019
var
dateRule=/^(19[89][0-9]|20[01][0-9])[-/](0[1-9]|1[0-2])[-/](0[1-9]|[12][0-9]|3[01])/;
```

```
        if(!dateRule.test(userDate.value)){
            alert(" 日期格式错误 ");
            return false;
        }
    alert(" 验证通过 ");
    return false;                 // 返回 true 会继续提交，本例仅为演示表单验证，所以返回 false
    }
```

参 考 文 献

[1]   KEITH J，SAMBELLS J. JavaScript DOM编程艺术[M]. 2版. 北京：人民邮电出版社，
      2011.

[2]   ZAKAS N C. JavsScript高级程序设计[M]. 3版. 北京：人民邮电出版社，2012.

[3]   曾探. JavaScript设计模式与开发实践[M]. 北京：人民邮电出版社，2015.

[4]   陈巧梅. 菜鸟教程[DB/OL]. [2015]. https://www.runoob.com/js/js-tutorial.html.

[5]   杨伟伟. W3CSchool[DB/OL]. [2016]. https://www.w3school.com.cn/jsref/index.asp.